U0223166

高等学校"十二五"规划教材·土木工程系列

装饰装修工程识图与工程量清单计价

主　编　张　毅

副主编　陈　兰

哈尔滨工业大学出版社

内 容 简 介

本书根据《建筑制图标准》(GB/T 50104—2010)、《总图制图标准》(GB/T 50103—2010)、《房屋建筑室内装饰装修制图标准》(JGJ/T 244—2011)、《建设工程工程量清单计价规范》(GB 50500—2008)等现行标准规范进行编写,主要阐述了装饰装修工程图识读、装饰装修工程工程量清单与计价、装饰装修工程工程量计算、装饰装修工程招投标等内容。

本书可供高等学校土木工程专业作为教材使用,也可供建筑装饰装修工程造价人员使用。

图书在版编目(CIP)数据

装饰装修工程识图与工程量清单计价/张毅主编. —哈尔滨:
哈尔滨工业大学出版社,2012.12
ISBN 987 - 7 - 5603 - 3882 - 8

Ⅰ.①装…　Ⅱ.①张…　Ⅲ.①建筑装饰-建筑制图-识别②建筑装饰-工程造价　Ⅳ.①TU238②TU723.3

中国版本图书馆 CIP 数据核字(2012)第 298601 号

策划编辑　郝庆多　段余男
责任编辑　王桂芝　段余男
出版发行　哈尔滨工业大学出版社
社　　址　哈尔滨市南岗区复华四道街 10 号　邮编 150006
传　　真　0451 - 86414749
网　·址　http://hitpress.hit.edu.cn
印　　刷　黑龙江省委党校印刷厂
开　　本　787mm×1092mm　1/16　印张 12.5　字数 300 千字
版　　次　2012 年 12 月第 1 版　2012 年 12 月第 1 次印刷
书　　号　ISBN 987 - 7 - 5603 - 3882 - 8
定　　价　26.00 元

编 委 会

主　编　张　毅

副主编　陈　兰

编　委　赵　慧　赵　蕾　夏　欣　赵春娟

　　　　马可佳　于　涛　李慧婷　陶红梅

　　　　朱　琳　罗　娜　姚烈明　黄金凤

　　　　白雅君

前　　言

　　装饰装修行业是建筑业不可分割的重要组成部分,我国建筑装饰装修行业是改革开放后作为一个相对独立的行业发展起来的。改革开放以来,随着我国加入WTO,建筑市场进一步对外开放,装饰装修行业受到了快速发展,人们对装饰装修工程质量的要求也越来越高。同时,装饰装修工程的造价管理问题也逐步得到人们的重视。装饰装修工程造价是建设造价的重要组成部分之一,对装饰装修工程具有极其重要的作用。对此,国家制定了新规范和定额标准,如何更好地将新规范和定额标准运用到实际工作中,已成为从事工程造价相关人员迫切需要解决的问题。与此同时,国家住房和城乡建设部也对制图标准进行了修订,并颁布了一系列最新制图标准。为了使工程造价人员更好地理解最新制图标准,读懂工程图,掌握清单计价方法,学会编制工程量清单计价表格,我们结合《建筑制图标准》(GB/T 50104—2010)、《总图制图标准》(GB/T 50103—2010)、《房屋建筑室内装饰装修制图标准》(JGJ/T 244—2011)、《建设工程工程量清单计价规范》(GB 50500—2008)等现行标准规范编写了本书。

　　本书在结构体系上,重点突出,详略得当,具有很强的针对性和实用性,主要阐述了装饰装修工程图识读、装饰装修工程工程量清单与计价、装饰装修工程工程量计算、装饰装修工程招投标等内容,通俗易懂,并配有相关工程量计算示例,从而达到理论知识与实际技能相结合的目的。

　　本书由大连民族学院张毅担任主编,哈尔滨商业大学陈兰担任副主编,其中张毅编写第1、2、4章,陈兰编写第3章。

　　由于工程造价编制工作涉及范围较广,并且我国正处于工程造价体制改革的重要阶段,很多方面还需不断地总结、完善,加之编者水平有限,书中疏漏及不当之处在所难免,敬请广大读者和同行给予批评指正,以便及时修正和完善。

编　者

2012年6月

前　言

目　录

第1章　装饰装修工程图识读 …………………………………………………………… 1

1.1　装饰装修工程识图基础 …………………………………………………… 1

1.2　装饰装修工程图常用图例 ……………………………………………… 24

1.3　装饰装修平面图识读 …………………………………………………… 38

1.4　装饰装修立面图识读 …………………………………………………… 42

1.5　装饰装修剖面图识读 …………………………………………………… 44

1.6　装饰装修详图识读 ……………………………………………………… 45

第2章　装饰装修工程工程量清单与计价 ………………………………………… 47

2.1　概　述 …………………………………………………………………… 47

2.2　装饰装修工程工程量清单 ……………………………………………… 53

2.3　装饰装修工程工程量清单计价 ………………………………………… 73

第3章　装饰装修工程工程量计算 ………………………………………………… 81

3.1　楼地面工程 ……………………………………………………………… 81

3.2　墙、柱面工程 ………………………………………………………… 104

3.3　天棚工程 ……………………………………………………………… 126

3.4　门窗工程 ……………………………………………………………… 138

3.5　油漆、涂料、裱糊工程 ……………………………………………… 155

3.6　其他工程 ……………………………………………………………… 168

第4章　装饰装修工程招投标 ……………………………………………………… 179

4.1　装饰装修工程招标 …………………………………………………… 179

4.2　装饰装修工程投标 …………………………………………………… 180

4.3　装饰装修工程开标与评标 …………………………………………… 185

参考文献 …………………………………………………………………………… 189

第1章　装饰装修工程图识读

1.1　装饰装修工程识图基础

1.1.1　图纸幅面

（1）图纸幅面代号有五类：A0～A4，幅面尺寸见表1.1。

表1.1　图纸幅面尺寸　　　　　　　　　　　　　　　　　　mm

幅面代号 尺寸代号	A0	A1	A2	A3	A4
$b×l$	841×1 189	594×841	420×594	297×420	210×297
c	10				5
a	25				

注：表中b为幅面短边尺寸，l为幅面长边尺寸，c为图框线与幅面线间宽度，a为图框线与装订边间宽度。

（2）图纸的短边尺寸不应加长，A0～A3幅面长边尺寸可加长，但应符合表1.2的规定。

表1.2　图纸长边加长尺寸　　　　　　　　　　　　　　　　mm

幅面代号	长边尺寸	长边加长后的尺寸
A0	1 189	1 486（A0+1/4l）　1 635（A0+3/8l）　1 783（A0+1/2l） 1 932（A0+5/8l）　2 080（A0+3/4l）　2 230（A0+7/8l） 2 378（A0+l）
A1	841	1 051（A1+1/4l）　1 261（A1+1/2l）　1 471（A1+3/4l） 1 682（A1+l）　1 892（A1+5/4l）　2 102（A1+3/2l）
A2	594	742（A2+1/4l）　891（A2+1/2l）　1 041（A2+3/4l） 1 189（A2+l）　1 338（A2+5/4l）　1 486（A2+3/2l） 1 635（A2+7/4l）　1 783（A2+2l）　1 932（A2+9/4l） 2 080（A2+5/2l）
A3	420	630（A3+1/2l）　841（A3+l）　1 051（A3+3/2l） 1 261（A3+2l）　1 471（A3+5/2l）　1 682（A3+3l） 1 892（A3+7/2l）

注：有特殊需要的图纸，可采用$b×l$为841 mm×891 mm与1 189 mm×1 261 mm的幅面。

（3）图纸以短边作为垂直边应为横式，以短边作为水平边应为立式。A0～A3图纸宜横式使用；必要时，也可立式使用。

（4）在一个工程设计中，每个专业所使用的图纸，不宜多于两种幅面，不含目录及表格所采用的A4幅面。

1.1.2 标题栏

（1）图纸中应有标题栏、图框线、幅面线、装订边线和对中标志。图纸的标题栏及装订边的位置，应符合下列规定：

1）横式使用的图纸应按图1.1、图1.2的形式进行布置。

2）立式使用的图纸应按图1.3、图1.4的形式进行布置。

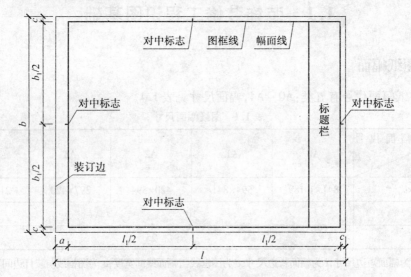

图1.1 A0～A3横式幅面（一）

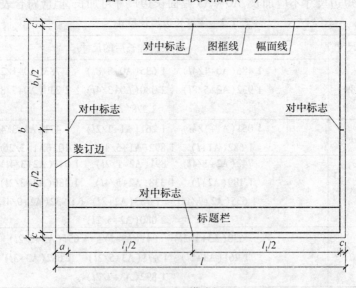

图1.2 A0～A3横式幅面（二）

（2）标题栏应符合图1.5、图1.6的规定，根据工程的需要选择确定尺寸、格式及分区。签字栏应包括实名列和签名列。

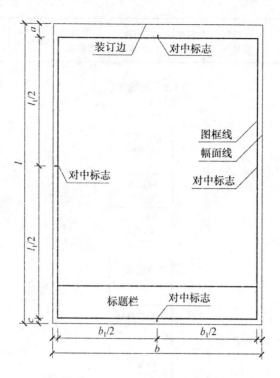

图 1.3 A0～A4 立式幅面(一)

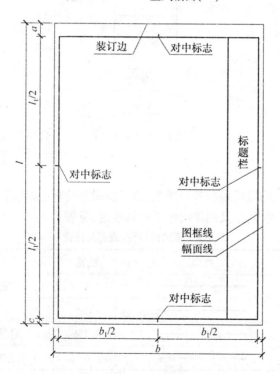

图 1.4 A0～A4 立式幅面(二)

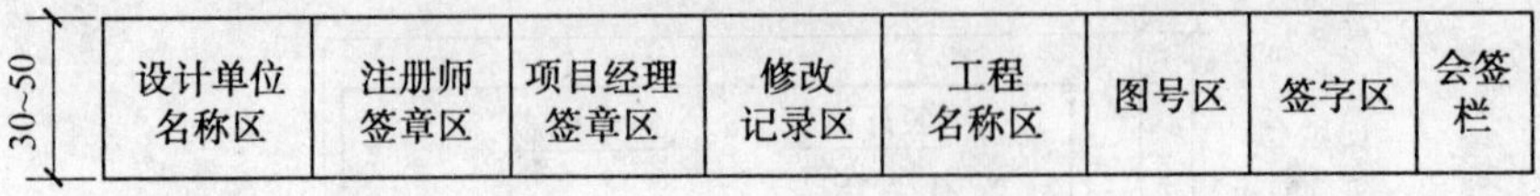

30~50	设计单位名称区	注册师签章区	项目经理签章区	修改记录区	工程名称区	图号区	签字区	会签栏

图 1.5　标题栏(一)

图 1.6　标题栏(二)

1.1.3　图线

图线是指绘制工程图样所用的各种线条,为了使图形清晰、含义清楚、绘图方便,国家标准中对图线的型式、宽度、间距及用途均做了明确规定,见表 1.3。

表 1.3　图线的线型、线宽及用途

名　称		线型	线宽	一般用途
实线	粗	——————	b	主要可见轮廓线
	中	——————	$0.5b$	可见轮廓线
	细	——————	$0.25b$	可见轮廓线、图例线
虚线	粗	- - - - - -	b	见各有关专业制图标准
	中	- - - - - -	$0.5b$	不可见轮廓线
	细	- - - - - -	$0.25b$	不可见轮廓线、图例线

续表1.3

名　称		线型	线宽	一般用途
单点长画线	粗		b	见各有关专业制图标准
	中		$0.5b$	见各有关专业制图标准
	细		$0.25b$	中心线、对称线等
双点长画线	粗		b	见各有关专业制图标准
	中		$0.5b$	见各有关专业制图标准
	细		$0.25b$	假象轮廓线、成型前原始轮廓线
折断线			$0.25b$	断开界线
波浪线			$0.25b$	断开界线

1.1.4　比例

图样的比例应为图形与实物相对应的线性尺寸之比。比例的大小,是指其比值的大小,如1:50大于1:1 000。比例的符号为":",比例应用阿拉伯数字表示,如1:1、1:2、1:50等。比值小于1的比例称为缩小比例,比值大于1的比例称为放大比例。比例宜注写在图名的右侧,字的基准线应取平;比例的字高宜比图名的字高并小一号或二号,如图1.7所示。

图1.7　比例的注写

绘图所用的比例应根据图样的用途与被绘对象的复杂程度,按表1.4选用,并应优先采用表中常用比例。

表1.4　建筑工程施工图常用的比例

常用比例	1:1、1:2、1:5、1:10、1:20、1:30、1:50、1:100、1:150、1:200、1:500、1:1 000、1:2 000
可用比例	1:3、1:4、1:6、1:15、1:25、1:40、1:60、1:80、1:250、1:300、1:400、1:600、1:5 000、1:10 000、1:20 000、1:50 000、1:100 000、1:200 000

1.1.5　字体

图面上的汉字、字母和数字是图纸的重要组成部分,因此图中的字体必须端正,笔画清楚,排列整齐,间距均匀。图样和说明中的汉字宜用长仿宋体和黑体,图样和说明的拉丁字母、阿拉伯数字与罗马数字宜采用单线简体或Roman字体。字体的字高应从表1.5中选取。字高大于10 mm的文字宜采用True type字体,当需书写更大的字时,其高度应按$\sqrt{2}$的倍数递增。

表 1.5　文字的字高

字体种类	中文矢量字体	True type 字体及非中文矢量字体
字高/mm	3.5、5、7、10、14、20	3、4、6、8、10、14、20

1.1.6　符号

1. 剖切符号

(1)剖视的剖切符号应由剖切位置线及剖视方向线组成,均应以粗实线绘制。剖视的剖切符号应符合下列规定。

1)剖切位置线的长度宜为 6 ~ 10 mm;剖视方向线应垂直于剖切位置线,长度应短于剖切位置线,宜为 4 ~ 6 mm,如图 1.8 所示。也可采用国际统一或常用的剖视方法,如图 1.9 所示。绘制时,剖视的剖切符号不应与其他图线相接触。

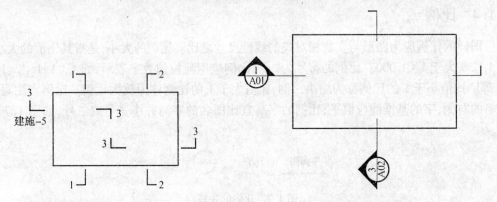

图 1.8　剖视的剖切符号(一)　　　　　　　图 1.9　剖视的剖切符号(二)

2)剖视的剖切符号宜采用粗阿拉伯数字,按剖切顺序由左至右、由下向上连续编排,并应注写在剖视方向线的端部。

3)需要转折的剖切位置线,应在转角的外侧加注与该符号相同的编号。

4)建(构)筑物剖面图的剖切符号应注在±0.000 标高的平面图或首层平面图上。

5)局部剖面图(不含首层)的剖切符号应注在包含剖切部位的最下面一层的平面图上。

(2)断面的剖切符号应符合以下规定:

1)断面的剖切符号应只用剖切位置线表示,并应以粗实线绘制,长度宜为 6 ~ 10 mm。

2)断面的剖切符号的编号宜采用阿拉伯数字,按顺序连续进行编排,并应注写在剖切位置线的一侧;编号所在的一侧应为该断面的剖视方向,如图 1.10 所示。

(3)剖面图或断面图,当与被剖切图样不在同一张图内,应在剖切位置线的另一侧注明其所在图纸的编号,也可以在图上集中说明。

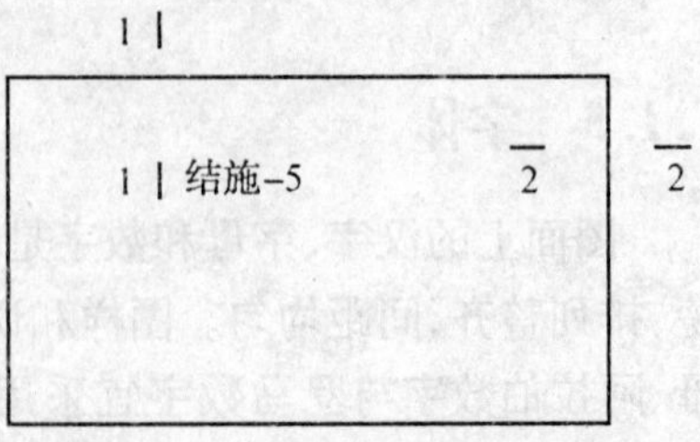

2. 索引符号与详图符号

图样中的某一局部或构件需另见详图时,以索引符号索引,如图 1.11(a)所示。索引符号由直径为 8 ~ 10 mm 的圆和水平直径组成,圆和水平

图 1.10　断面的剖切符号

直径用细实线表示。索引出的详图与被索引出的详图同在一张图纸时,在索引符号的上半圆中用阿拉伯数字注明该详图的编号,在下半圆中间画一段水平细实线,如图1.11(b)所示。索引出的详图与被索引出的详图不在同一张图纸时,在索引符号的上半圆中用阿拉伯数字注明该详图的编号,在下半圆中用阿拉伯数字注明该详图所在图纸的编号,如图1.11(c)所示,数字较多时,也可加文字标注。

索引出的详图采用标准图时,在索引符号水平直径的延长线上加注该标准图册的编号,如图1.11(d)所示。

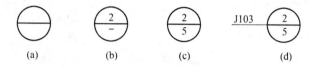

图1.11　索引符号

索引符号用于索引剖视详图时,在被剖切的部位绘制剖切位置线,并用引出线引出索引符号,投射方向为引出线所在的一侧,如图1.12所示,索引符号的编号同上。

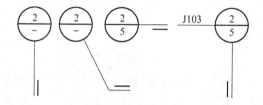

图1.12　用于索引剖面详图的索引符号

零件、钢筋、杆件、设备等的编号宜以直径为5~6 mm的细实线圆表示,同一图样应保持一致,其编号应用阿拉伯数字按顺序编写,如图1.13所示。消火栓、配电箱、管井等的索引符号,直径宜为4~6 mm。

图1.13　零件、钢筋等的编号

详图符号的圆用直径为14 mm的粗实线绘制,当详图与被索引出的图样在同一张图纸内时,详图符号内用阿拉伯数字注明该详图编号,如图1.14所示。当详图与被索引出的图样不在同一张图纸时,用细实线在详图符号内画一水平直径,上半圆中注明详图的编号,下半圆注明被索引图纸的编号,如图1.15所示。

图1.14　与被索引出的图样在同一张图纸的详图符号

图1.15　与被索引出的图样不在同一张图纸的详图符号

3. 引出线

引出线应以细实线绘制,宜采用水平方向的直线、与水平方向成 30°、45°、60°、90°的直线,或经上述角度再折为水平线。文字说明宜注写在水平线的上方,如图 1.16(a)所示,也可注写在水平线的端部,如图 1.16(b)所示。索引详图的引出线,应对准索引符号的圆心,如图 1.16(c)所示。

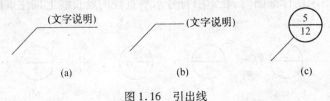

图 1.16　引出线

同时引出几个相同部分的引出线,宜互相平行,如图 1.17(a)所示,也可画成集中于一点的放射线,如图 1.17(b)所示。

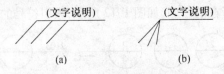

图 1.17　共用引出线

多层构造或多层管道共用引出线,应通过被引出的各层,并用圆点示意对应各层次。文字说明宜注写在水平线的上方,或注写在水平线的端部,说明的顺序应由上至下,并应与被说明的层次相互一致;若层次为横向排序,则由上至下的说明顺序应与由左至右的层次相互一致。

4. 其他符号

(1)对称符号。对称符号由对称线和两端的两对平行线组成。对称线用细单点长画线表示,平行线用细实线表示。平行线长度为 6~10 mm,每对平行线的间距为 2~3 mm,对称线垂直平分于两对平行线,两端超出平行线 2~3 mm,如图 1.18 所示。

(2)连接符号。连接符号用折断线表示所需连接的部位,当两部位相距过远时,折断线两端靠图样一侧要标注大写拉丁字母表示连接编号。两个被连接的图样要用相同的字母编号,如图 1.19 所示。

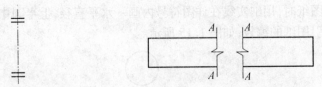

图 1.18　对称符号　　　　图 1.19　连接符号

(3)指北针。指北针的形状如图 1.20 所示,其圆的直径宜为 24 mm,用细实线绘制;指针尾部的宽度宜为 3 mm,指针头部应注"北"或"N"字。需用较大直径绘制指北针时,指针尾部宽度宜为直径的 1/8。

(4)变更云线。对图纸中局部变更部分宜采用云线,并注明修改版次,如图 1.21 所示。

图 1.20 指北针

图 1.21 变更云线

注:1 为修改次数

1.1.7 定位轴线

定位轴线是表示建筑物主要结构或构件位置的点画线。凡是承重墙、柱、梁、屋架等主要承重构件都应画上轴线,并编上轴线号,以确定其位置;对于次要的墙、柱等承重构件,则编附加轴线号确定其位置。

定位轴线应用细单点长画线绘制。定位轴线应编号,编号应注写在轴线端部的圆内。圆应用细实线绘制,直径为 8~10 mm。定位轴线圆的圆心应在定位轴线的延长线上或延长线的折线上。除较复杂需采用分区编号或圆形、折线形外,平面图上定位轴线的编号,宜标注在图样的下方或左侧。横向编号应用阿拉伯数字,从左至右顺序编写;竖向编号应用大写拉丁字母,从下至上顺序编写,如图 1.22 所示。

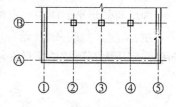

图 1.22 定位轴线的编号顺序

拉丁字母作为轴线号时,应全部采用大写字母,不应用同一个字母的大小写来区分轴线号。拉丁字母的 I、O、Z 不得作为轴线编号。当字母数量不够使用时,可增用双字母或单字母加数字注脚。

组合较复杂的平面图中定位轴线也可采用分区编号,如图 1.23 所示。编号的注写形式应为"分区号——该分区编号"。"分区号——该分区编号"采用阿拉伯数字或大写拉丁字母表示。

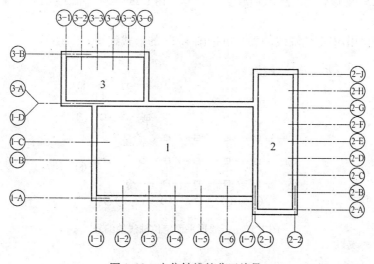

图 1.23 定位轴线的分区编号

附加定位轴线的编号,应以分数形式表示,并应符合下列规定:

(1)两根轴线的附加轴线,应以分母表示前一轴线的编号,分子表示附加轴线的编号。编号宜用阿拉伯数字顺序编写。

(2)1号轴线或A号轴线之前的附加轴线的分母应以01或0A表示。

一个详图适用于几根轴线时,应同时注明各有关轴线的编号,如图1.24所示。

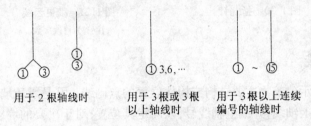

用于2根轴线时　　　　用于3根或3根　　用于3根以上连续
　　　　　　　　　　　以上轴线时　　　编号的轴线时

图1.24　详图的轴线编号

通用详图中的定位轴线,应只画圆,不注写轴线编号。

圆形与弧形平面图中的定位轴线,其径向轴线应以角度进行定位,其编号宜用阿拉伯数字表示,从左下角或-90°(若径向轴线很密,角度间隔很小)开始,按逆时针顺序编写;其环向轴线宜用大写阿拉伯字母表示,从外向内顺序编写,如图1.25、图1.26所示。

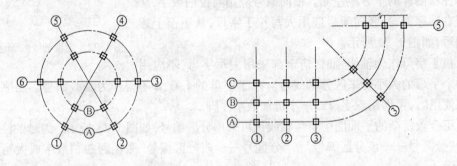

图1.25　圆形平面定位轴线的编号　　　图1.26　弧形平面定位轴线的编号

折线形平面图中定位轴线的编号可按图1.27的形式编写。

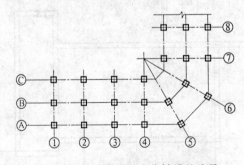

图1.27　折线形平面定位轴线的编号

1.1.8　尺寸标注

1.尺寸界线、尺寸线及尺寸起止符号

（1）图样上的尺寸，应包括尺寸界线、尺寸线、尺寸起止符号和尺寸数字，如图 1.28 所示。

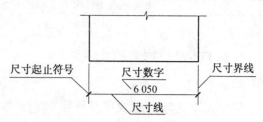

图 1.28　尺寸的组成

（2）尺寸界线应用细实线绘制，应与被注长度垂直，其一端应离开图样轮廓线不应小于 2 mm，另一端宜超出尺寸线 2～3 mm。图样轮廓线可作为尺寸界线，如图 1.29 所示。

（3）尺寸线应用细实线绘制，应与被注长度平行。图样本身的任何图线均不得作为尺寸线。

（4）尺寸起止符号用中粗斜短线绘制，其倾斜方向应与尺寸界线成顺时针 45°角，长度宜为 2～3 mm。半径、直径、角度与弧长的尺寸起止符号，宜用箭头表示，如图 1.30 所示。

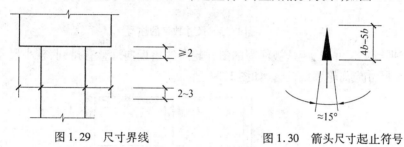

图 1.29　尺寸界线　　　　　　　图 1.30　箭头尺寸起止符号

2.尺寸数字

（1）图样上的尺寸，应以尺寸数字为准，不得从图上直接量取。

（2）图样上的尺寸单位，除标高及总平面以米为单位外，其他必须以毫米为单位。

（3）尺寸数字的方向，应按图 1.31（a）的规定注写。若尺寸数字在 30°斜线区内，也可按图 1.31（b）的形式注写。

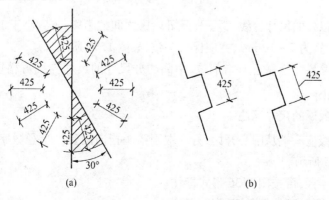

（a）　　　　　　　　　　　　　　（b）

图 1.31　尺寸数字的注写方向

（4）尺寸数字应依据其方向注写在靠近尺寸线的上方中部。如没有足够的注写位置，最外边的尺寸数字可注写在尺寸界线的外侧，中间相邻的尺寸数字可上下错开注写，引出线端部用圆点表示标注尺寸的位置，如图 1.32 所示。

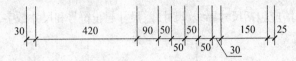

图 1.32　尺寸数字的注写位置

3. 尺寸的排列与布置

尺寸宜标注在图样轮廓以外，不宜与图线、文字及符号等相交，如图 1.33 所示。

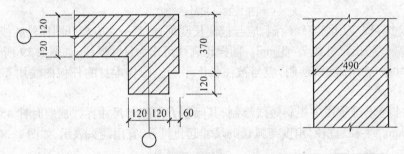

图 1.33　尺寸数字的注写

互相平行的尺寸线，应从被注写的图样轮廓线由近向远整齐排列，较小尺寸应离轮廓线较近，较大尺寸应离轮廓线较远，如图 1.34 所示。

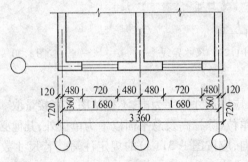

图 1.34　尺寸的排列

图样轮廓线以外的尺寸界线，距图样最外轮廓之间的距离，不宜小于 10 mm。平行排列的尺寸线的间距，宜为 7～10 mm，并应保持一致，如图 1.34 所示。

总尺寸的尺寸界线应靠近所指部位，中间的分尺寸的尺寸界线可稍短，但其长度应相等，如图 1.34 所示。

4. 半径、直径、球的尺寸标注

半径的尺寸线应一端从圆心开始，另一端画箭头指向圆弧。半径数字前应加注半径符号"R"，如图 1.35 所示。

较小圆弧的半径，可按图 1.36 形式标注。

较大圆弧的半径，可按图 1.37 形式标注。

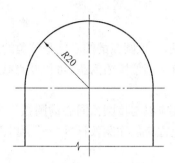

图 1.35 半径标注方法

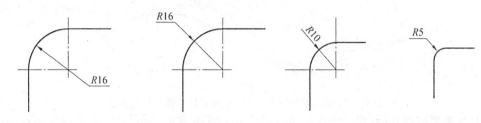

图 1.36 小圆弧半径的标注方法

标注圆的直径尺寸时,直径数字前应加直径符号"ϕ"。在圆内标注的尺寸线应通过圆心,两端画箭头指至圆弧,如图 1.38 所示。

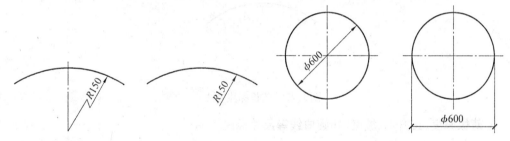

图 1.37 大圆弧半径的标注方法 图 1.38 圆直径的标注方法

较小圆的直径尺寸,可标注在圆外,如图 1.39 所示。

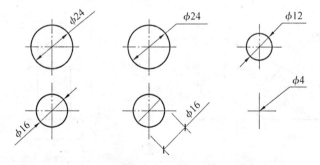

图 1.39 小圆直径的标注方法

标注球的半径尺寸时,应在尺寸前加注符号"SR"。标注球的直径尺寸时,应在尺寸数字前加注符号"$S\phi$"。注写方法与圆弧半径和圆直径的尺寸标注方法相同。

5. 角度、弧度、弧长的标注

角度的尺寸线应以圆弧表示。该圆弧的圆心应是该角的顶点,角的两条边为尺寸界线。起止符号应以箭头表示,如没有足够位置画箭头,可用圆点代替,角度数字应沿尺寸线方向注写,如图 1.40 所示。

标注圆弧的弧长时,尺寸线应以与该圆弧同心的圆弧线表示,尺寸界线应指向圆心,起止符号用箭头表示,弧长数字上方应加注圆弧符号"⌒",如图 1.41 所示。

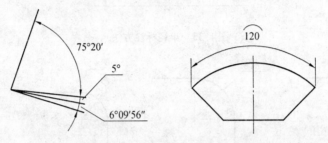

图 1.40　角度标注方法　　　　图 1.41　弧长标注方法

标注圆弧的弦长时,尺寸线应以平行于该弦的直线表示,尺寸界线应垂直于该弦,起止符号用中粗斜短线表示,如图 1.42 所示。

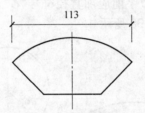

图 1.42　弦长标注方法

6. 薄板厚度、正方形、坡度、非圆曲线等尺寸标注

在薄板板面标注板厚尺寸时,应在厚度数字前加厚度符号"t",如图 1.43 所示。

标注正方形的尺寸,可用"边长×边长"的形式,也可在边长数字前加正方形符号"□",如图 1.44 所示。

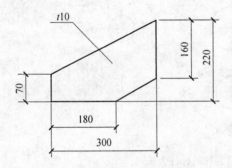

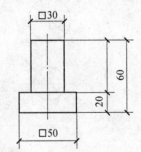

图 1.43　薄板厚度标注方法　　　　图 1.44　标注正方形尺寸

标注坡度时,应加注坡度符号"←",如图 1.45(a)、(b),该符号为单面箭头,箭头应指向下坡方向。坡度也可用直角三角形形式标注,如图 1.45(c)。

外形为非圆曲线的构件,可用坐标形式标注尺寸,如图 1.46 所示。

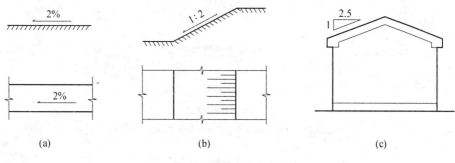

图 1.45　坡度标注方法

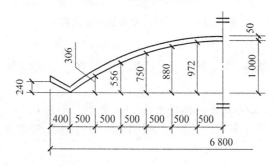

图 1.46　坐标法标注曲线尺寸

复杂的图形,可用网格形式标注尺寸,如图 1.47 所示。

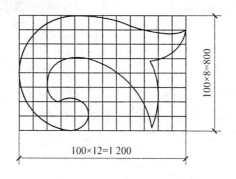

图 1.47　网格法标注曲线尺寸

7. 标高

标高是表示建筑物的地面或某个部位的高度。通常将建筑物首层地面标高定为 ±0.000,在其上部的标高定为"+"值,常省略不写;在其下部的标高定为"-"值,标注时必须写上,例如-0.300。标高注写时一般要写到小数点后三位数字,总平面图中,可注写到小数点后第二位,但是±0.000 不能省略。标高的标注方法如下:

标高符号应以直角等腰三角形表示,按图 1.48(a)所示形式用细实线绘制,当标注位置不够,也可按图 1.48(b)所示形式绘制。标高符号的具体画法应符合图 1.48(c)、(d)的规定。

总平面图室外地坪标高符号,宜用涂黑的三角形表示,具体画法应符合图 1.49 的规定。标高符号的尖端应指至被注高度的位置。尖端宜向下,也可向上。标高数字应注写在

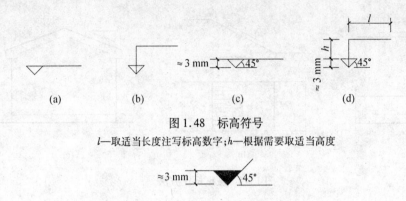

图 1.48　标高符号

l—取适当长度注写标高数字;h—根据需要取适当高度

图 1.49　总平面图室外地坪标高符号

标高符号的上侧或下侧,如图 1.50 所示。

标高数字应以米为单位,注写到小数点后第三位。在总平面图中,可注写到小数字点后第二位。

零点标高应注写成±0.000,正数标高不注"+",负数标高应注"-",例如 3.000、-0.600。在图样的同一位置需表示几个不同标高时,标高数字可按图 1.51 的形式注写。

图 1.50　标高的指向　　　　　　图 1.51　同一位置注写多个标高数字

1.1.9　图样画法

1. 投影法

(1)房屋建筑室内装饰装修设计的视图,应采用位于建筑内部的视点按正投影法并用第一角画法绘制。如图 1.52 所示,自 A 的投影镜像图称为顶棚平面图,自 B 的投影称为平面图,自 C、D、E、F 的投影称为立面图(图 1.52)。

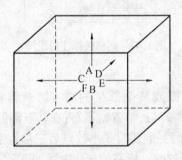

图 1.52　第一角画法

(2)顶棚平面图采用镜像投影法绘制,其图像中纵横轴线排列应与平面图完全一致,易于相互对照,清晰识读,如图 1.53 所示。

(3)装饰装修界面与投影面不平行时,可用展开图表示。

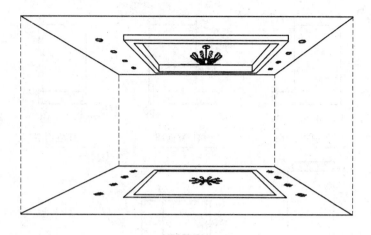

图 1.53 镜像投影法

2. 视图布置

(1)如在同一张图纸上绘制若干个视图时,各视图的位置应根据视图的逻辑关系和版面的美观决定,如图 1.54 所示,各视图的位置宜按图 1.55 的顺序进行布置。

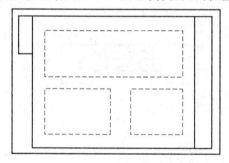 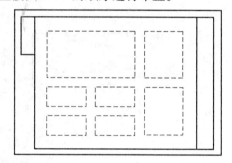

图 1.54 常规的布网方法

(2)每个视图均应标注图名。各视图图名的命名,主要包括平面图、立面图、剖面图或断面图、详图。同一种视图多个图的图名前加编号以示区分。平面图,以楼层编号,包括地下二层平面图、地下一层平面图、首层平面图、二层平面图等。立面图以该图两端头的轴线号编号,剖面图或断面图以剖切号编号。详图以索引号编号。图名宜标注在视图的下方、一侧或相近位置,并在图名下用粗实线绘一条横线,其长度应以图名所占长度为准(图 1.55)。使用详图符号作为图名时,符号下不再画线。

(3)分区绘制的建筑平面图,应绘制组合示意图,指出该区在建筑平面图中的位置。各分区视图的分区部位及编号均应一致,并应与组合示意图一致,如图 1.56 所示。

(4)总平面图应反映建筑物在室外地坪上的墙基外包线,不应画屋顶平面投影图。同一工程不同专业的总平面图,在图纸上的布图方向均应一致;单体建(构)筑物平面图在图纸上的布图方向,必要时可与其在总平面图上的布图方向不一致,但必须标明方位;不同专业的单体建(构)筑物平面图,在图纸上的布图方向均应一致。

(5)建(构)筑物的某些部分,如与投影面不平行(如圆形、折线形、曲线形等),在画立面图时,可将该部分展至与投影面平行,再以正投影法绘制,并应在图名后注写"展开"字样。

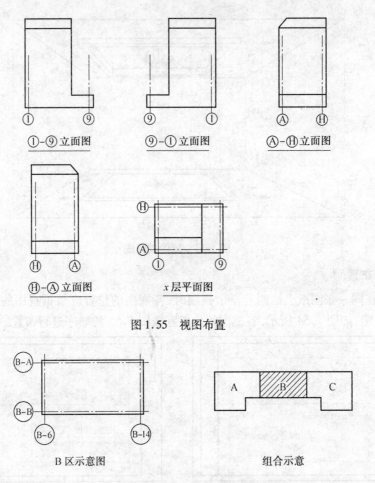

①-⑨ 立面图　　　　⑨-① 立面图　　　　Ⓐ-Ⓗ 立面图

Ⓗ-Ⓐ 立面图　　　　*x* 层平面图

图 1.55　视图布置

B 区示意图　　　　　　　　　　组合示意

图 1.56　分区绘制的建筑平面图

（6）建筑吊顶（顶棚）灯具、风口等设计绘制布置图,应是反映在地面上的镜面图,不是仰视图。

3. 平面图

（1）除顶棚平面图外,各种平面图应按正投影法绘制。

（2）平面图宜取视平线以下适宜高度水平剖切俯视所得,根据表现内容的需要可增加剖视高度和剖切平面。

（3）建筑物平面图应在建筑物的门窗洞口处水平剖切俯视（屋顶平面图应在屋面以上俯视）,图内应包括剖切面及投影方向可见的建筑构造及必要的尺寸、标高等,如需表示高窗、洞口、通气孔、槽、地沟及起重机等不可见部分,则应以虚线绘制。

（4）平面图应表达室内水平界面中正投影方向的物象。需要时还应表示剖切位置中正投影方向墙体的可视物象。

（5）局部平面放大图的方向宜与楼层平面图的方向一致。

（6）平面图中应注写房间的名称或编号,编号注写在直径为 6 mm 细实线绘制的圆圈内,其字体大小应大于图中索引用文字标注,并在同张图纸上列出房间名称表。

（7）平面图中的装饰装修物件可注写名称或用相应的图例符号表示。

(8)在同一张图纸上绘制多于一层的平面图时,各层平面图宜按层数由低向高的顺序从左至右或从下至上布置。

(9)较大的房屋建筑室内装饰装修平面图,可分区绘制平面图,每张分区平面图均应以组合示意图表示所在位置。在组合示意图中要表示的分区,可采用阴影线或填充色块表示。各分区分别用大写拉丁字母或功能区名称表示。各分区视图的分区部位及编号应一致,并应与组合示意图对应。

(10)房屋建筑室内装饰装修平面起伏较大(呈弧形、曲折形或异形)时,可用展开图表示,不同的转角面用转角符号表示连接,画法应符合本标准规定。

(11)在同一张平面图内,对于不在设计范围内的局部区域应用阴影线或填充色块的方式表示。

(12)为表示室内立面在平面上的位置,应在平面图上表示出相应的立面索引符号。立面索引符号的绘制应符合本标准的规定。

(13)平面图上未被剖切到的墙体立面的洞、龛等,在平面图中可用细虚线连接表明其位置。

(14)房屋建筑室内各种平面中出现异形的凹凸形状时,可用剖面图表示。

4. 顶棚平面图

(1)房屋建筑室内装饰装修顶棚平面图应按镜像投影法绘制。

(2)顶棚平面图中应省去平面图中门的符号,用细实线连接门洞以表明位置。墙体立面的洞、龛等,在顶棚平面中可用细虚线连接表明其位置。

(3)顶棚平面图应表示出镜像投影后水平界面上的物象。需要时还应表示剖切位置中投影方向的墙体的可视内容。

(4)平面为圆形、弧形、曲折形、异形的顶棚平面,可用展开图表示,不同的转角面用转角符号表示连接。

(5)房屋建筑室内顶棚上出现异形的凹凸形状时,可用剖面图表示。

5. 立面图

(1)房屋建筑室内装饰装修立面图应按正投影法绘制。

(2)立面图应表达室内垂直界面中投影方向的物体。需要时还应表示剖切位置中投影方向的墙体、顶棚、地面的可视内容。

(3)室内立面图应包括投影方向可见的室内轮廓线和装修构造、门窗、构配件、墙面做法、固定家具、灯具、必要的尺寸和标高及需要表达的非固定家具、灯具、装饰物件等(室内立面图的顶棚轮廓线,可根据具体情况只表达吊平顶或同时表达吊平顶及结构顶棚)。

(4)立面图的两端宜标注建筑平面定位轴线号。

(5)平面为圆形、弧形、曲折形、异形的室内立面,可用展开图表示,不同的转角面用转角符号表示连接,圆形或多边形平面的建筑物,可分段展开绘制立面图,但均应在图名后加注"展开"二字。

(6)对称式装饰装修面或物体等,在不影响物象表现的情况下,立面图可绘制一半,并在对称轴线处画对称符号。

(7)在房屋建筑室内装饰装修立面图上,相同的装饰装修构造样式可选择一个样式绘出完整图样,其余部分可以只画图样轮廓线。

(8)在房屋建筑室内装饰装修立面图上,表面分隔线应表示清楚,并应用文字说明各部位所用材料及色彩等。

(9)圆形或弧线形的立面图应以细实线表示出该立面的弧度感,如图1.57所示。

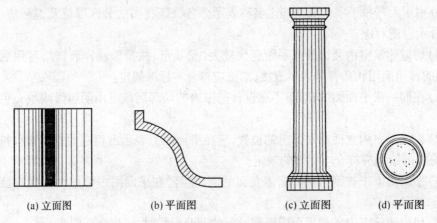

| (a) 立面图 | (b) 平面图 | (c) 立面图 | (d) 平面图 |

图1.57 圆形或弧线形图样立面

(10)立面图宜根据平面图中立面索引编号标注图名。有定位轴线的立面,也可根据两端定位轴线号编注立面图名称(如①~②立面图、Ⓐ~Ⓑ立面图)。

6. 剖面图和断面图

(1)剖面图的剖切部位,应根据图纸的用途或设计深度,在平面图上选择能反映全貌、构造特征及有代表性的部位剖切。

(2)各种剖面图应按正投影法绘制。

(3)建筑剖面图内应包括剖切面和投影方向可见的建筑构造、构配件及必要的尺寸、标高等。

(4)剖切符号可用阿拉伯数字、罗马数字或拉丁字母编号,如图1.58所示。

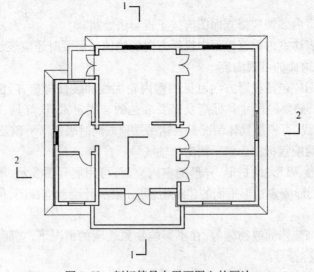

图1.58 剖切符号在平面图上的画法

（5）画室内剖立面时，相应部位的墙体、楼地面的剖切面宜有所表示。必要时，占空间较大的设备管线、灯具等的剖切面，应在图纸上绘出。

（6）剖面图除应画出剖切面切到部分的图形外，还应画出沿投射方向看到的部分，被剖切面切到部分的轮廓线用粗实线绘制，剖切面没有切到但沿投射方向可以看到的部分，用中实线绘制；断面图则只需（用粗实线）画出剖切面切到部分的图形，如图 1.59 所示。

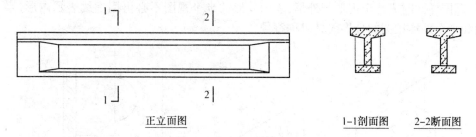

正立面图　　　　　　　　　　　1-1剖面图　　2-2断面图

图 1.59　剖面图与断面图的区别

（7）剖面图和断面图应按下列方法剖切后绘制：

1）用一个剖切面剖切，如图 1.60 所示。

2）用两个或两个以上平行的剖切面剖切，如图 1.61 所示。

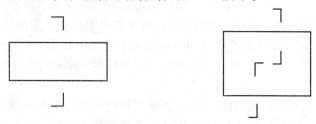

图 1.60　一个剖切面剖切　　　　　图 1.61　两个平行的剖切面剖切

3）用两个相交的剖切面剖切，如图 1.62 所示。用此法剖切时，应在图名后注明"展开"字样。

图 1.62　两个相交的剖切面剖切（展开）

（8）分层剖切的剖面图，应按层次以波浪线将各层隔开，波浪线不应与任何图线重合，如图 1.63 所示。

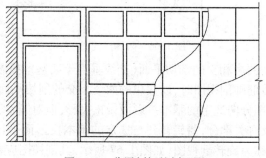

图 1.63　分层剖切的剖面图

1) 全剖视图。用一个剖切面完全剖开物体后画出的剖视图,称为全剖视图。当一个物体的外形简单、内部复杂,或者外形虽然复杂而另有视图表达清楚时,常采用全剖视图,如图1.64 所示的剖视图。

2) 半剖视图。需要表示对称的物体时,可以对称线为界,一半画外形图(视图),一半画剖视图,这样的剖视图称为半剖视图,如图1.65 所示。因此,设计对称的物体,常采用半剖视图,其图样同时表达出内形与外形,表示外形的半个视图不必再用虚线表示内形,半个剖视图和半个外形视图的分界线是对称符号。

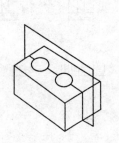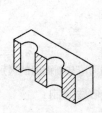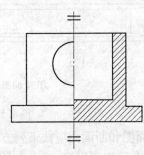

图1.64　全剖视图　　　　　　　　　图1.65　半剖视图

3) 局部剖视图。当设计只需要表示物体内部局部构造时,表示局部剖开的物体图样称为局部剖视图。局部剖视图的外层视图部分和内层剖视图部分也用细波浪线分界,波浪线表明剖切范围,不能超出图样的轮廓线,也不应和图样上的其他图线相重合。由于局部剖视图的剖切位置一般都比较明显,所以局部剖视图通常都不会标注剖切符号,也不另行标注剖视图的图名。

4) 斜剖视图。前述的全剖视图、半剖视图和局部剖视图都是用一剖切面剖开物体后得到的,其图样都是最常用的剖视图。而用不平行于任何基本投影面的剖切面剖开物体后得到的剖视图,称为斜剖视图。

5) 阶梯剖视图。用两个或两个以上平行的剖切面剖切物体的方法称为阶梯剖,所得到的剖视图称为阶梯剖视图,如图1.66 所示。当物体内部结构需要用两个或两个以上平行的剖切面剖开才能显示清楚时,可采用阶梯剖。画阶梯剖视图时要注意,不应画出两个剖切平面的转折处的分界线。

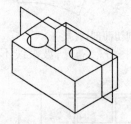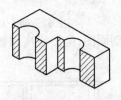

图1.66　阶梯剖视图

6) 旋转剖视图。用两个相交的剖切平面(交线垂直于某基本投影面)剖开物体的方法,称为旋转剖。采用旋转剖画剖视图时,以假想的两个相交的剖切平面剖开物体,移去假想剖切掉的部分,把留下的部分向选定的基本投影面做正投影,但对倾斜于选定的基本投影面的剖切平面剖开的结构及有关部分,要旋转到与选定的基本投影面平行面后再进行投影。用旋转剖得到的剖视图,称为旋转剖视图,如图1.67 所示,其剖视图应在图名后加注字样。画旋转剖视图时应注意不画两个剖切平面截出的断面的转折线。

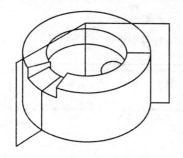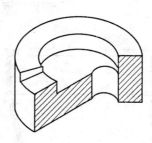

图 1.67 旋转剖视图

7)分层剖切剖视图。对物体的多层构造可用相互平行的剖切面按构造层次逐层局部剖开,用这种分层剖切的方法所得到的剖视图,称为分层剖切剖视图,如图 1.68 所示,在房屋建筑室内装饰装修制图中用来表达室内物体的复杂构造。分层剖切剖视图应表达各层次的构造。

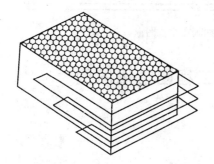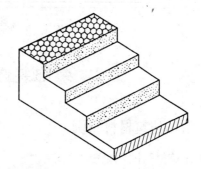

图 1.68 分层剖切剖视图

(9)杆件的断面图,可绘制在靠近杆件的一侧或端部处并按顺序依次排列如图 1.69 所示,也可绘制在杆件的中断处如图 1.70 所示;结构梁板的断面图可画在结构布置图上如图 1.71 所示。

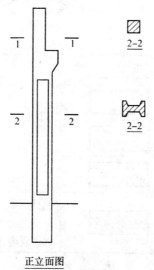

正立面图

图 1.69 断面图按顺序排列

图 1.70　断面图画在杆件中断处

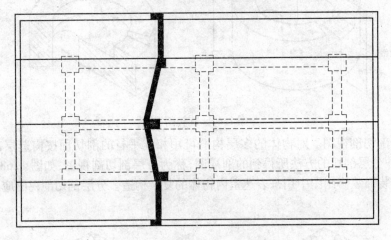

图 1.71　断面图画在布置图上

1.2　装饰装修工程图常用图例

1.2.1　常用建筑材料图例

常用建筑材料图例见表 1.6。

表 1.6　常用建筑材料图例

序号	名　称	图　例	备　注
1	自然土壤		包括各种自然土壤
2	夯实土壤		—
3	砂、灰土		—
4	砂砾石、碎砖三合土		—
5	石材		—
6	毛石		—
7	普通砖		包括实心砖、多孔砖、砌块等砌体。断面较窄不易绘出图例线时,可涂红,并在图纸备注中加注说明,画出该材料图例

续表1.6

序号	名　称	图　例	备　　注
8	耐火砖		包括耐酸砖等砌体
9	空心砖	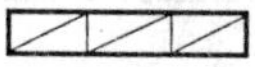	指非承重砖砌体
10	饰面砖		包括铺地砖、马赛克、陶瓷锦砖、人造大理石等
11	焦渣、矿渣	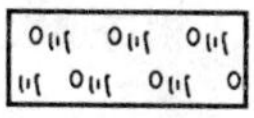	包括与水泥、石灰等混合而成的材料
12	混凝土	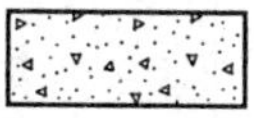	1.本图例指能承重的混凝土及钢筋混凝土
13	钢筋混凝土	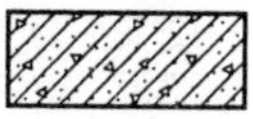	2.包括各种强度等级、骨料、添加剂的混凝土 3.在剖面图上画出钢筋时,不画图例线 4.断面图形小,不易画出图例线时,可涂黑
14	多孔材料	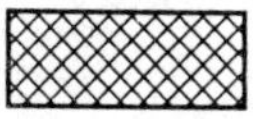	包括水泥珍珠岩、沥青珍珠岩、泡沫混凝土、非承重加气混凝土、软木、蛭石制品等
15	纤维材料	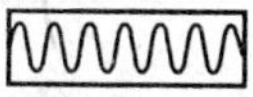	包括矿棉、岩棉、玻璃棉、麻丝、木丝板、纤维板等
16	泡沫塑料材料	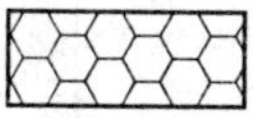	包括聚苯乙烯、聚乙烯、聚氨酯等多孔聚合物类材料
17	木材	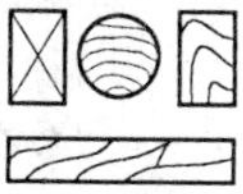	1.上图为横断面,左图为垫木、木砖或木龙骨 2.下图为纵断面
18	胶合板	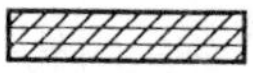	应注明为 x 层胶合板
19	石膏板	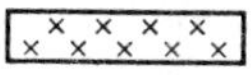	包括圆孔、方孔石膏板、防水石膏板、硅钙板、防火板等
20	金属	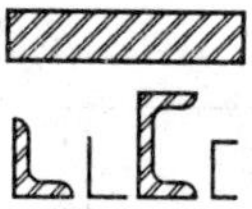	1.包括各种金属 2.图形小时,可涂黑
21	网状材料		1.包括金属、塑料网状材料 2.应注明具体材料名称
22	液体	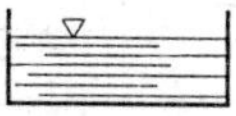	应注明液体名称
23	玻璃		包括平板玻璃、磨砂玻璃、夹丝玻璃、钢化玻璃、中空玻璃、夹层玻璃、镀膜玻璃等

续表1.6

序号	名　称	图　例	备　　注
24	橡胶		—
25	塑料		包括各种软、硬塑料及有机玻璃等
26	防水材料		构造层次多或比例大时,采用上图图例
27	粉刷		本图例采用较稀的点

注:1、2、5、7、8、13、14、16、17、18 图例中的斜线、短斜线、交叉斜线等均为45°。

1.2.2　常用建筑构造及配件图例

常用建筑构造及配件图例见表1.7。

表1.7　建筑构造及配件图例

序号	名称	图例	备注
1	墙体	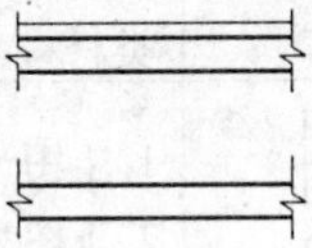	1. 上图为外墙,下图为内墙 2. 外墙细线表示有保温层或有幕墙 3. 应加注文字或涂色或图案填充表示各种材料的墙体 4. 在各层平面图中防火墙宜着重以特殊图案填充表示
2	隔断		1. 加注文字或涂色或图案填充表示各种材料的轻质隔断 2. 适用于到顶与不到顶隔断
3	玻璃幕墙		幕墙龙骨是否表示由项目设计决定
4	栏杆		—
5	楼梯	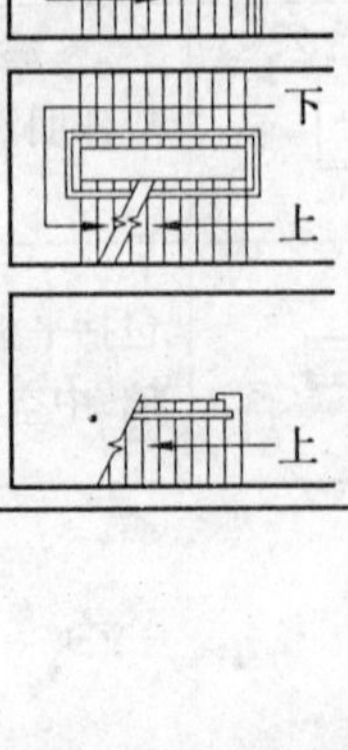	1. 上图为顶层楼梯平面,中图为中间层楼梯平面,下图为底层楼梯平面 2. 需设置靠墙扶手或中间扶手时,应在图中表示

续表1.7

序号	名称	图例	备注
6	坡道	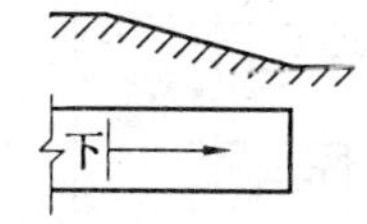	长坡道
		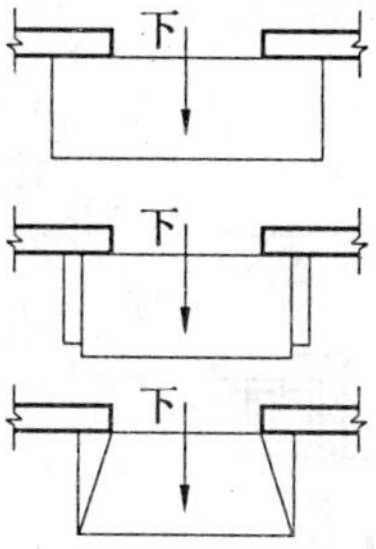	上图为两侧垂直的门口坡道,中图为有挡墙的门口坡道,下图为两侧找坡的门口坡道
7	台阶	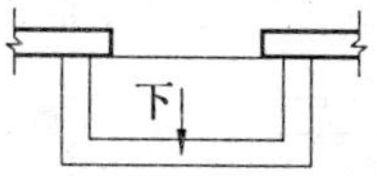	—
8	平面高差	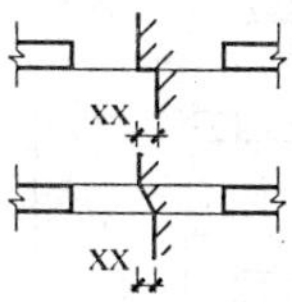	用于高差小的地面或楼面交接处,并应与门的开启方向协调
9	检查口		左图为可见检查口,右图为不可见检查口
10	孔洞		阴影部分亦可填充灰度或涂色代替
11	坑槽		—
12	墙预留洞、槽	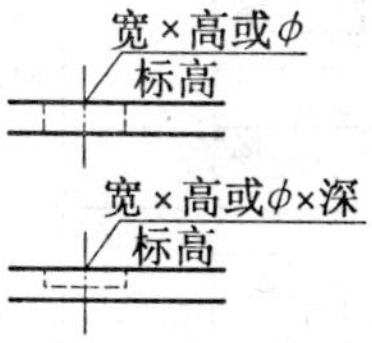	1. 上图为预留洞,下图为预留槽 2. 平面以洞(槽)中心定位 3. 标高以洞(槽)底或中心定位 4. 宜以涂色区别墙体和预留洞(槽)
13	地沟	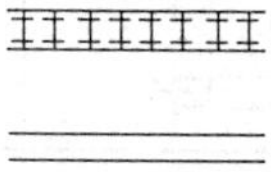	上图为有盖板地沟,下图为无盖板明沟

续表 1.7

序号	名称	图例	备注
14	烟道	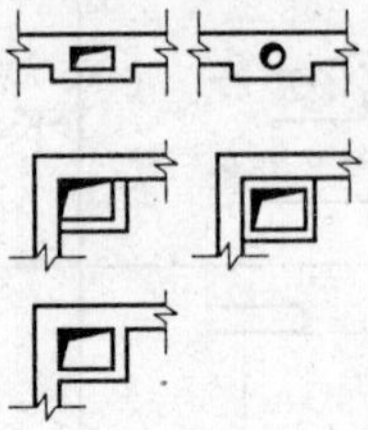	1. 阴影部分亦可填充灰度或涂色代替 2. 烟道、风道与墙体为相同材料,其相接处墙身线应连通 3. 烟道、风道根据需要增加不同材料的内衬
15	风道	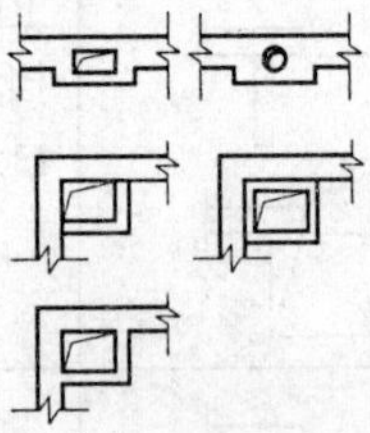	
16	新建的墙和窗	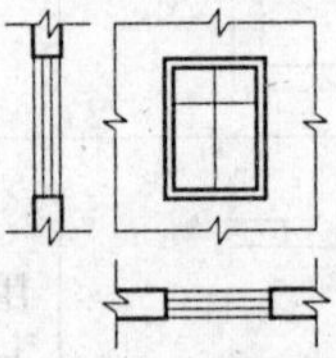	—
17	改建时保留的墙和窗	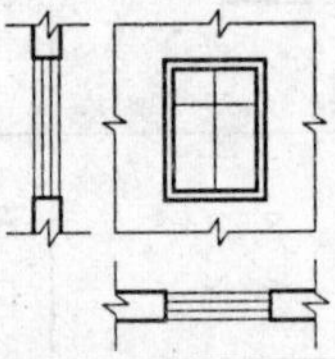	只更换窗,应加粗窗的轮廓线
18	拆除的墙	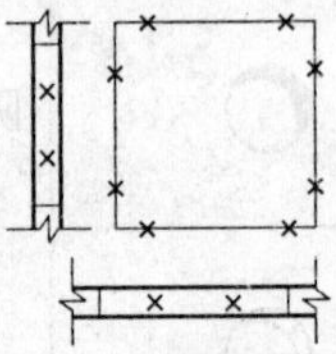	—
19	改建时在原有墙或楼板新开的洞	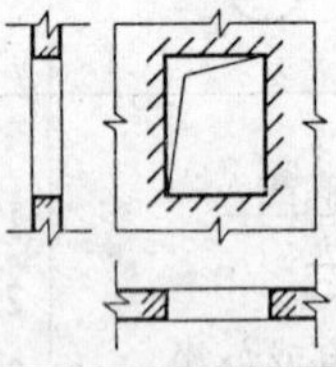	—
20	在原有墙或楼板洞旁扩大的洞	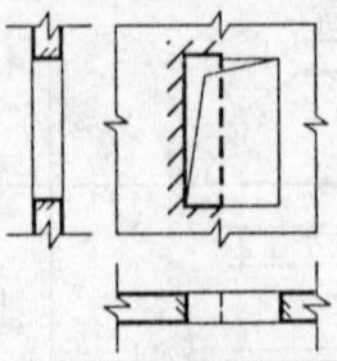	图示为洞口向左边扩大

续表 1.7

序号	名称	图例	备注
21	在原有墙或楼板上全部填塞的洞	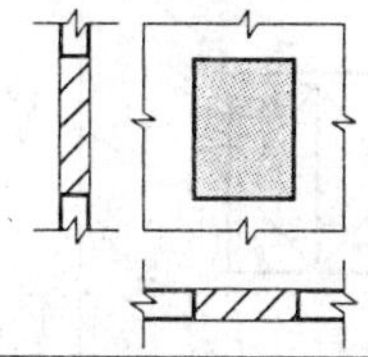	图中立面填充灰度或涂色
22	在原有墙或楼板上局部填塞的洞	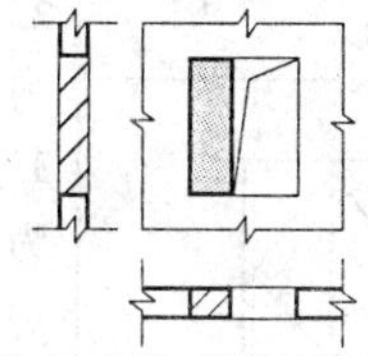	左侧为局部填塞的洞,图中立面填充灰度或涂色
23	空门洞	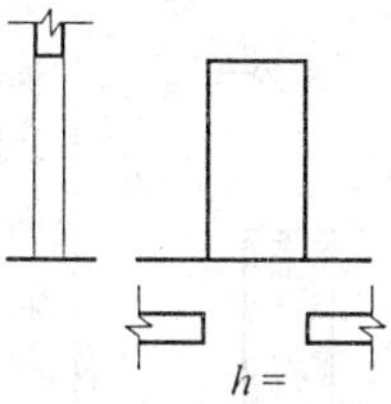 $h =$	h 为门洞高度
24	单面开启单扇门(包括平开或单面弹簧)	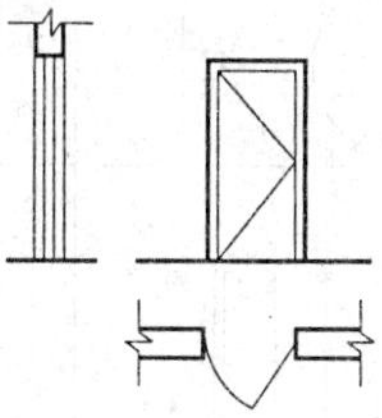	1.门的名称代号用 M 表示 2.平面图中,下为外,上为内 3.立面图中,开启线实线为外开,虚线为内开,开启线交角的一侧为安装合页一侧。开启线在建筑立面图中可不表示,在立面大样图中可根据需要绘出 4.剖面图中,左为外,右为内 5.附加纱扇应以文字说明,在平、立、剖面图中均不表示 6.立面形式应按实际情况绘制
24	双面开启单扇门(包括双面平开或双面弹簧)	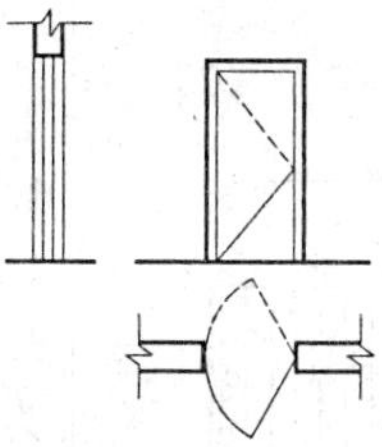	
24	双层单扇平开门	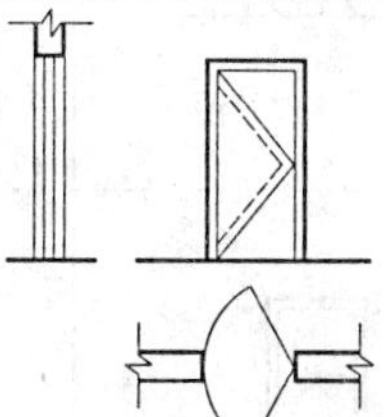	

续表 1.7

序号	名称	图例	备注
25	单面开启双扇门（包括平开或单面弹簧）	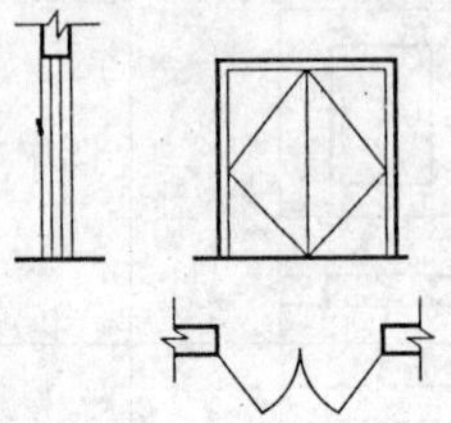	1. 门的名称代号用 M 表示 2. 平面图中，下为外，上为内，门开启线为 90°、60°或 45°，开启弧线宜绘出 3. 立面图中，开启线实线为外开，虚线为内开，开启线交角的一侧为安装合页一侧。开启线在建筑立面图中可不表示，在立面大样图中可根据需要绘出 4. 剖面图中，左为外，右为内 5. 附加纱扇应以文字说明，在平、立、剖面图中均不表示 6. 立面形式应按实际情况绘制
	双面开启双扇门（包括双面平开或双面弹簧）	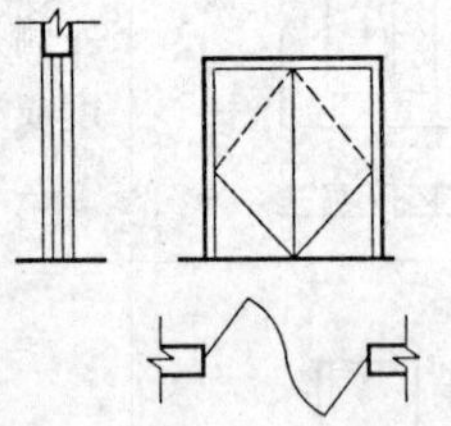	
	双层双扇平开门	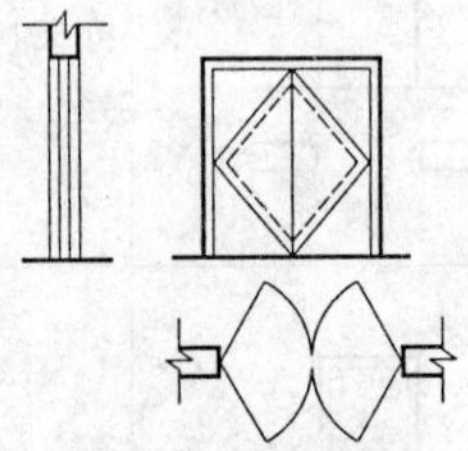	
26	折叠门	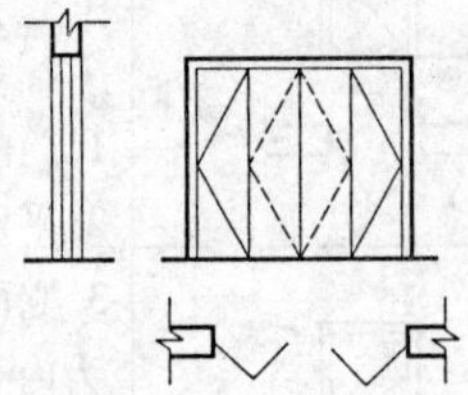	1. 门的名称代号用 M 表示 2. 平面图中，下为外，上为内 3. 立面图中，开启线实线为外开，虚线为内开，开启线交角的一侧为安装合页一侧 4. 剖面图中，左为外，右为内 5. 立面形式应按实际情况绘制
	推拉折叠门	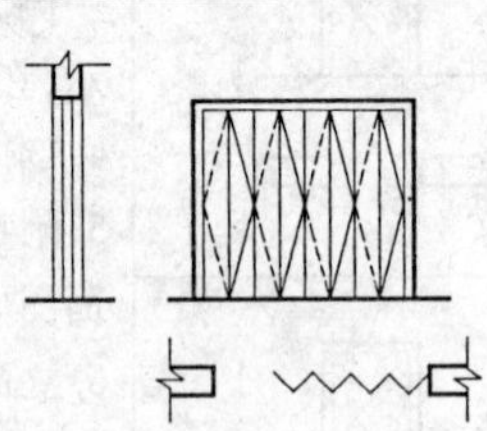	
	墙洞外单扇推拉门	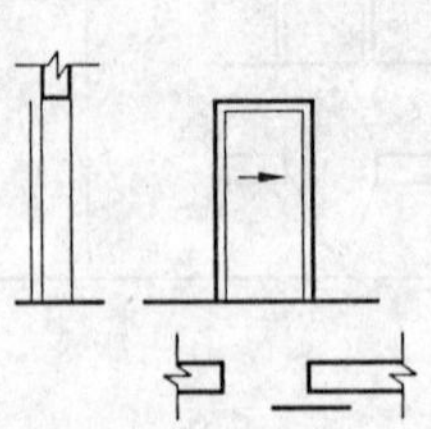	

续表 1.7

序号	名称	图例	备注
	墙洞外双扇推拉门	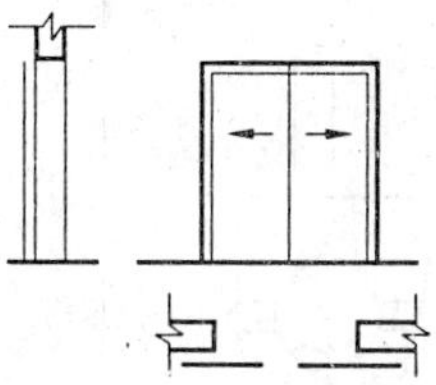	1.门的名称代号用 M 表示 2.平面图中,下为外,上为内 3.剖面图中,左为外,右为内 4.立面形式应按实际情况绘制
27	墙中单扇推拉门	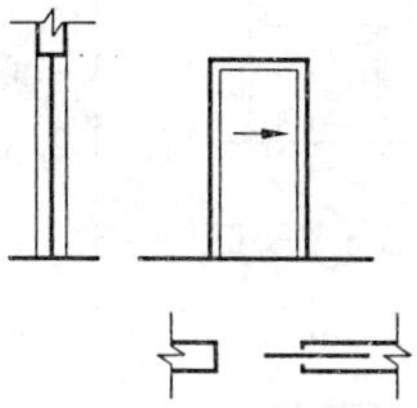	
	墙中双扇推拉门	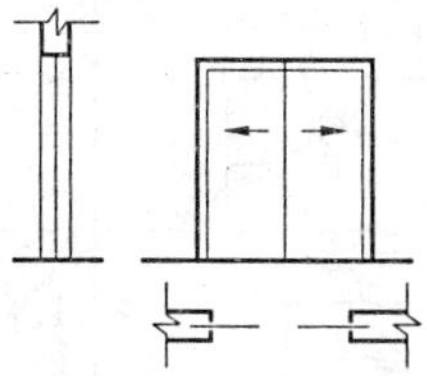	1.门的名称代号用 M 表示 2.立面形式应按实际情况绘制
28	推杠门	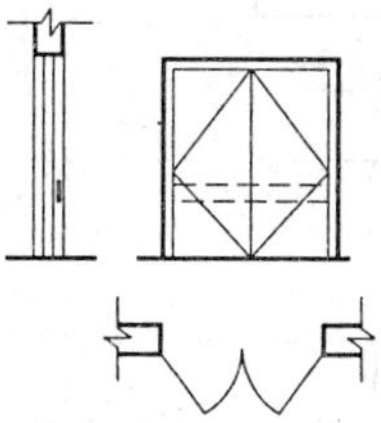	1.门的名称代号用 M 表示 2.平面图中,下为外,上为内,门开启线为 90°、60°或 45° 3.立面图中,开启线实线为外开,虚线为内开,开启线交角的一侧为安装合页一侧。开启线在建筑立面图中可不表示,在立面大样图中可根据需要绘出 4.剖面图中,左为外,右为内 5.立面形式应按实际情况绘制
29	门连窗	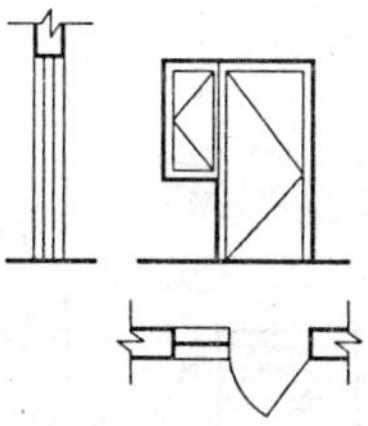	

续表1.7

序号	名称	图例	备注
30	旋转门	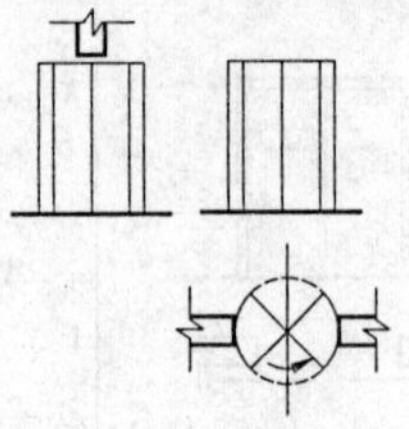	
	两翼智能旋转门	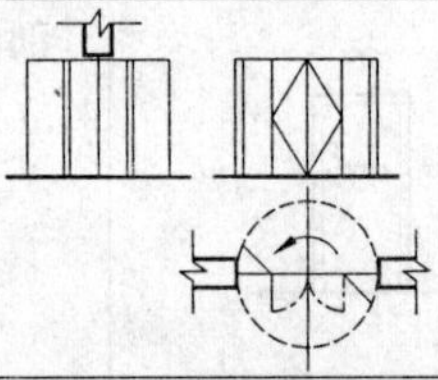	1.门的名称代号用 M 表示 2.立面形式应按实际情况绘制
31	自动门	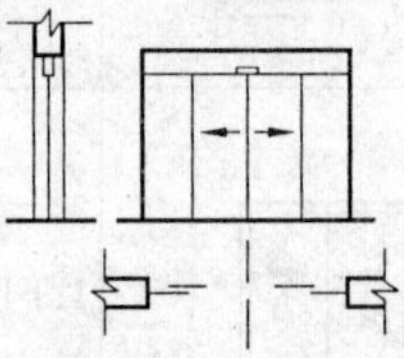	
32	折叠上翻门	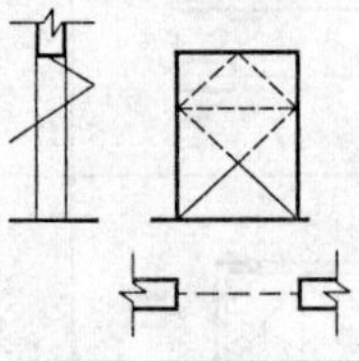	1.门的名称代号用 M 表示 2.平面图中,下为外,上为内 3.剖面图中,左为外,右为内 4.立面形式应按实际情况绘制
33	提升门	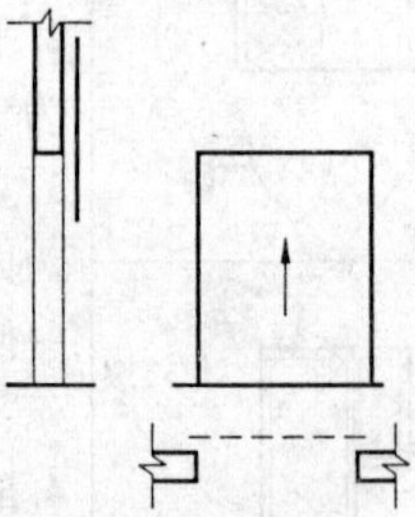	
34	分节提升门	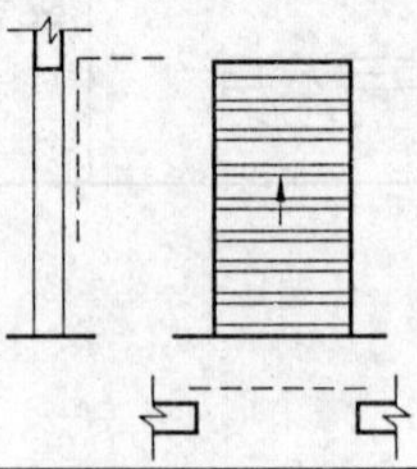	1.门的名称代号用 M 表示 2.立面形式应按实际情况绘制

续表 1.7

序号	名称	图例	备注
35	人防单扇防护密闭门	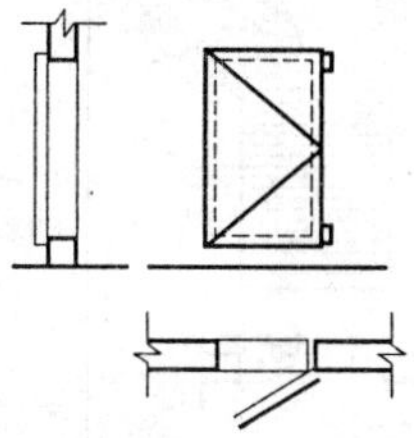	1. 门的名称代号按人防要求表示 2. 立面形式应按实际情况绘制
	人防单扇密闭门	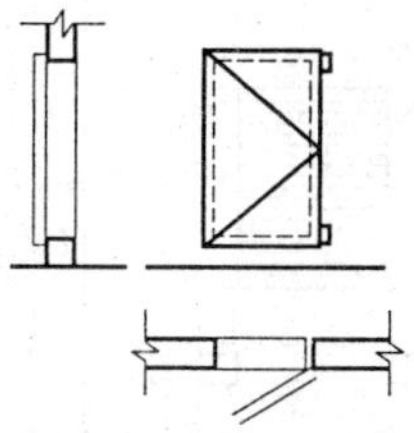	
36	人防双扇防护密闭门	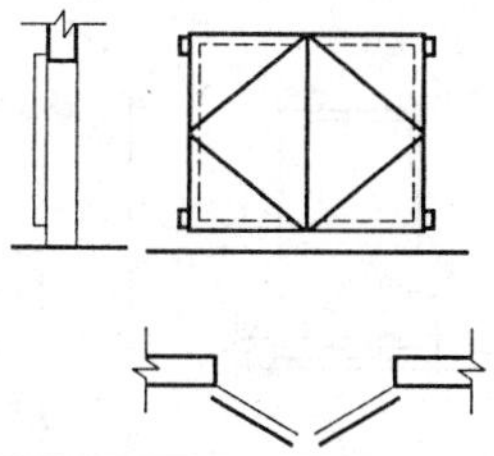	1. 门的名称代号按人防要求表示 2. 立面形式应按实际情况绘制
	人防双扇密闭门	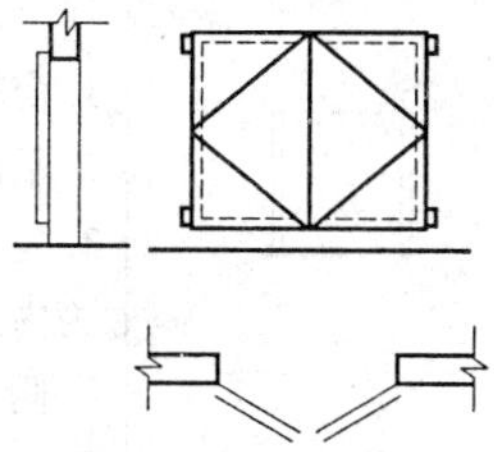	
37	横向卷帘门	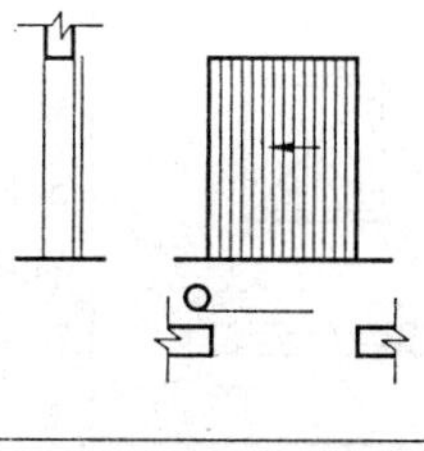	—
	竖向卷帘门	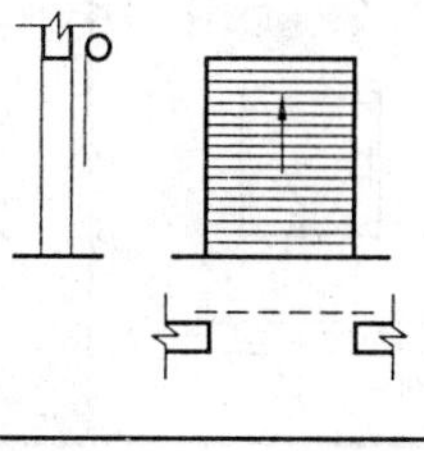	

续表 1.7

序号	名称	图例	备注
37	单侧双层卷帘门	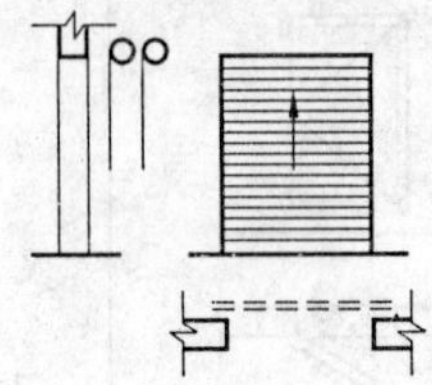	一
	双侧单层卷帘门	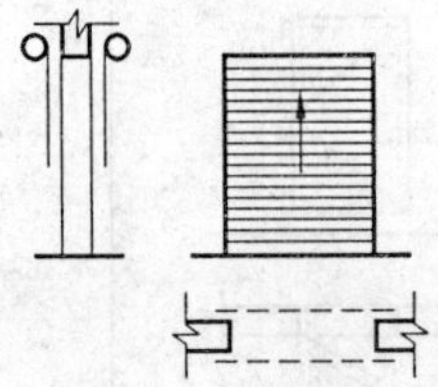	
38	固定窗	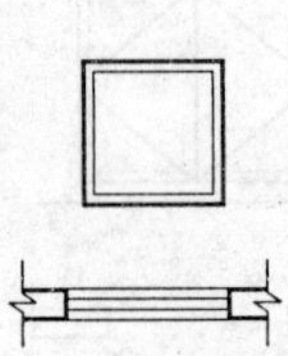	
39	上悬窗	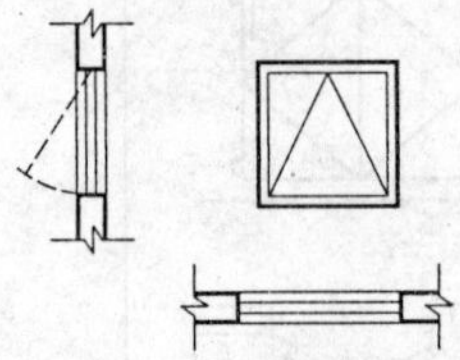	1. 窗的名称代号用 C 表示 2. 平面图中,下为外,上为内 3. 立面图中,开启线实线为外开,虚线为内开,开启线交角的一侧为安装合页一侧。开启线在建筑立面图中可不表示,在立面大样图中可根据需要绘出 4. 剖面图中,左为外,右为内。虚线仅表示开启方向,项目设计不表示 5. 附加纱窗应以文字说明,在平、立、剖面图中均不表示 6. 立面形式应按实际情况绘制
	中悬窗	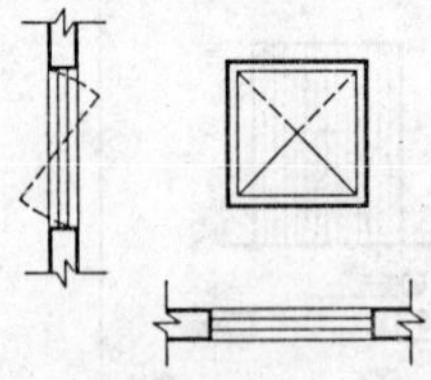	
40	下悬窗	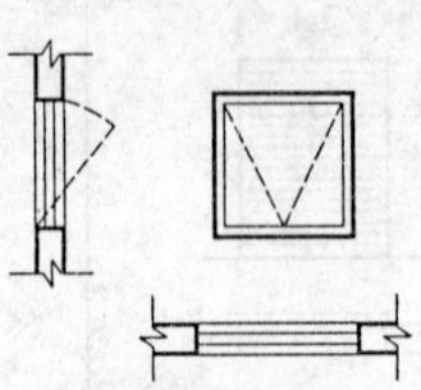	

续表1.7

序号	名称	图例	备注
41	立转窗	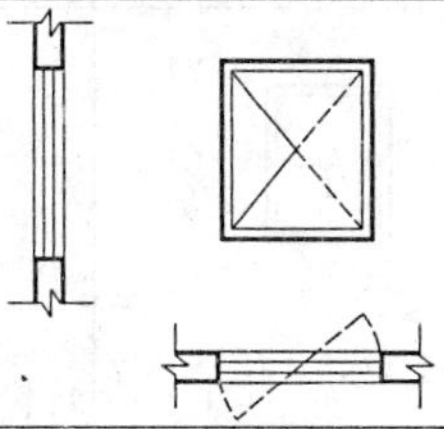	
42	内开平开内倾窗	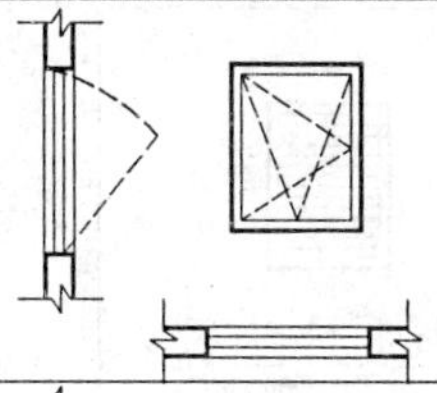	1.窗的名称代号用 C 表示 2.平面图中,下为外,上为内 3.立面图中,开启线实线为外开,虚线为内开,开启线交角的一侧为安装合页一侧。开启线在建筑立面图中可不表示,在立面大样图中可根据需要绘出 4.剖面图中,左为外,右为内。虚线仅表示开启方向,项目设计不表示 5.附加纱窗应以文字说明,在平、立、剖面图中均不表示 6.立面形式应按实际情况绘制
43	单层外开平开窗	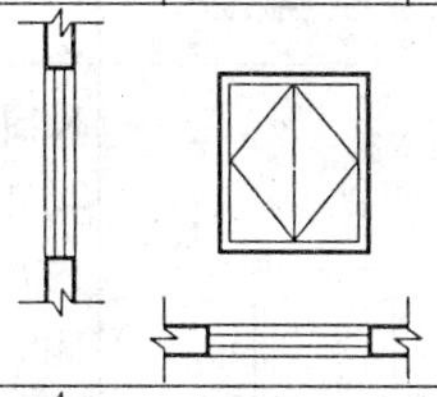	
	单层内开平开窗	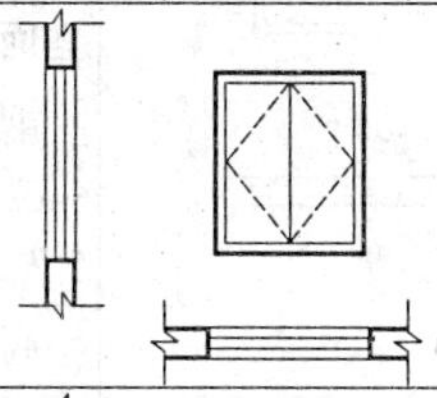	
	双层内外开平开窗	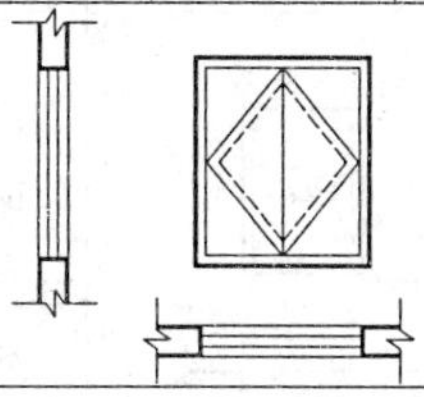	
44	单层推拉窗	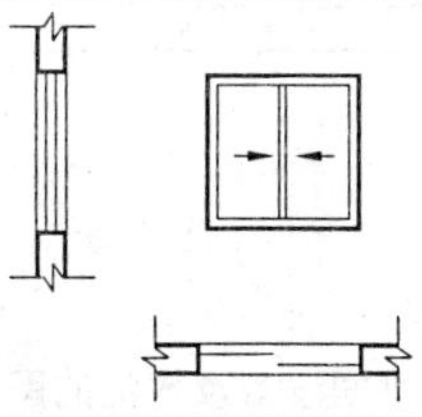	1.窗的名称代号用 C 表示 2.立面形式应按实际情况绘制
	双层推拉窗	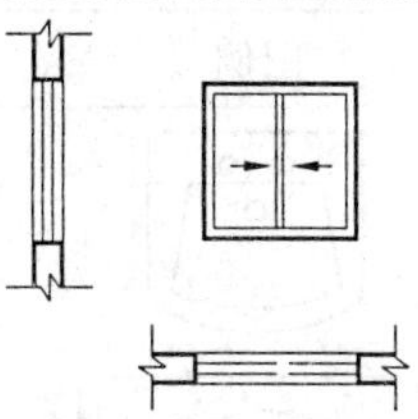	

续表1.7

序号	名称	图例	备注
45	上推窗	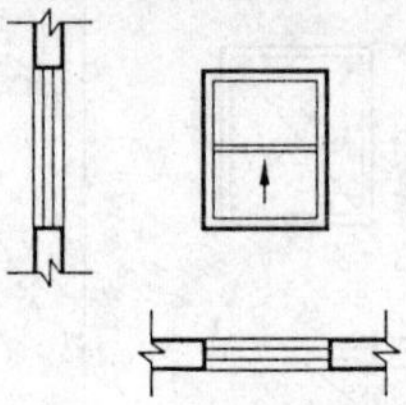	1.窗的名称代号用C表示 2.立面形式应按实际情况绘制
46	百叶窗	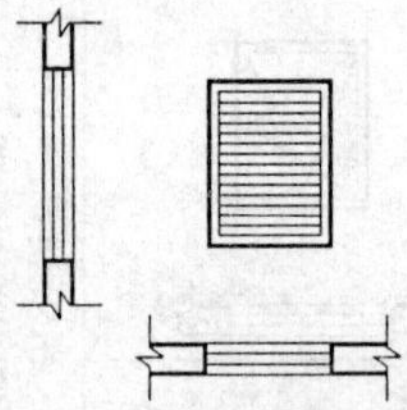	
47	高窗	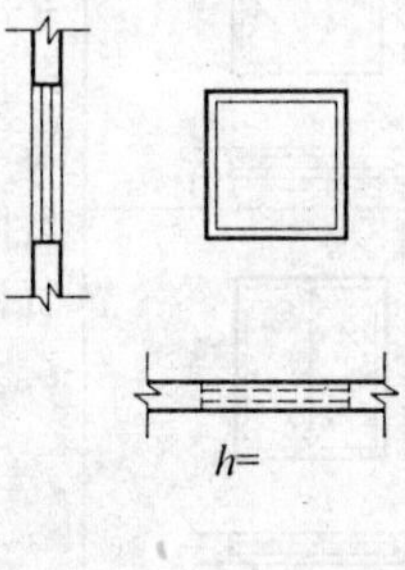 $h=$	1.窗的名称代号用C表示 2.立面图中,开启线实线为外开,虚线为内开,开启线交角的一侧为安装合页一侧。开启线在建筑立面图中可不表示,在立面大样图中可根据需要绘出 3.剖面图中,左为外,右为内 4.立面形式应按实际情况绘制 5.h表示高窗底距本层地面高度 6.高窗开启方式参考其他窗型
48	平推窗	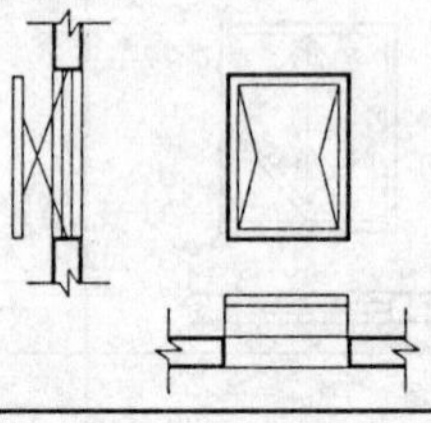	1.窗的名称代号用C表示 2.立面形式应按实际情况绘制

1.2.3　卫生间设备及水池的图例

卫生间设备及水池的图例见表1.8。

表1.8　卫生间设备及水池的图例

序号	名称	图例	备注
1	立式洗脸盆	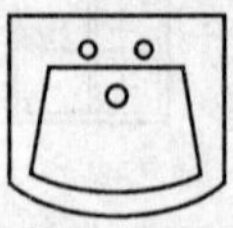	—
2	台式洗脸盆	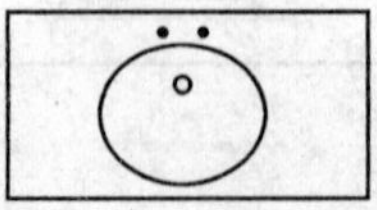	—

续表 1.8

序号	名称	图例	备注
3	挂式洗脸盆		—
4	浴盆		—
5	化验盆、洗涤盆		—
6	厨房洗涤盆		通常为不锈钢制品
7	带沥水板洗涤盆		—
8	盥洗槽		—
9	污水池		—
10	立式小便器		—
11	壁挂式小便器		—
12	蹲式大便器		—
13	坐式大便器		—
14	小便槽		—
15	淋浴喷头		—

1.3 装饰装修平面图识读

1.3.1 概述

装饰平面图包括装饰平面布置图和天棚平面图两种。

装饰平面布置图是指假想用一个水平的剖切平面,在窗台的上方位置,将经过内外装饰的房屋整个剖开,移去以上部分向下所作的水平投影图。其作用是用来表明建筑室内外种种装饰布置的平面形状、位置、大小及所用材料;表明这些布置与建筑主体结构间,以及这些布置与布置间的相互关系等。

天棚平面图有两种形成方法:其中一种是假想房屋水平剖开后,移去下面的部分向上所作直接正投影而形成;另一种则是采用镜像投影法,将地面看作镜面,对镜中天棚的形象作正投影而成。天棚平面图通常都采用镜像投影法来绘制。天棚平面图的作用主要是用来表明天棚装饰的平面形式、尺寸和材料,以及灯具和其他各种室内顶部设施的位置和大小等。

装饰平面布置图和天棚平面图都是建筑装饰施工放样、制作安装、预算和备料,以及绘制室内有关设备施工图的重要依据。

以上两种平面图,其中以平面布置图的内容特别繁杂,加上它控制了水平向纵横两轴的尺寸数据,其他视图大多又由它引出,所以是我们识读建筑装饰施工图的基础与重点。

1.3.2 装饰平面布置图识读

1. 装饰平面布置图的主要内容和表示方法

(1)建筑平面基本结构和尺寸:装饰平面布置图是在图示建筑平面图的有关内容。它包括建筑平面图上由剖切引起的墙柱断面和门窗洞口、定位轴线及其编号、建筑平面结构的各部尺寸、室外台阶、花台、雨篷、阳台及室内楼梯和其他细部布置等内容。以上内容,在没有特殊要求的情况下,都要按照原建筑平面图来套用,其具体表示方法同建筑平面图。

当然,装饰平面布置图要突出装饰结构与布置,对建筑平面图上的内容也不是完全不变的照搬。

(2)装饰结构的平面形式和位置:装饰平面布置图应表明楼地面、门窗和门窗套、护壁板或墙裙、隔断及装饰柱等装饰结构的平面形式和位置。

(3)室内外配套装饰设置的平面形状与位置:装饰平面布置图还应标明室内家具、绿化、陈设、配套产品和室外水池、装饰小品等配套设置体的平面形状、数量和位置。这些布置不能将实物原形画在平面布置图上,只可借助一些简单、明确的图例进行表示。

2. 装饰平面布置图的阅读要点

(1)看装饰平面布置图应先看图名、比例及标题栏,认定该图为什么平面图。再看建筑平面基本结构及其尺寸,把各个房间的名称、面积,及门窗、楼梯、走廊等的主要位置和尺寸弄清楚。然后看建筑平面结构内的装饰结构和装饰设置的平面布置等内容。

(2)通过对各房间和其他空间主要功能的了解,明确为满足功能要求所设置的设备与设施的种类、规格和数量,以便制定相关的购买计划。

(3)通过图中对装饰面的文字说明,了解各装饰面对材料规格、品种、色彩及工艺制作的要求,明确各装饰面的结构材料与饰面材料的衔接关系与固定方式,并结合面积制订材料计划与施工安排计划。

(4)面对众多的尺寸,应注意区分建筑尺寸与装饰尺寸。在装饰尺寸中,又要能分清其中的定位尺寸、外形尺寸及结构尺寸。

确定装饰面或装饰物在平面布置图上位置的尺寸即为定位尺寸。在平面图上需要有两个定位尺寸来确定一个装饰物的平面位置,其基准一般是建筑结构面。

外形尺寸是装饰面或装饰物的外轮廓尺寸,由此可确定装饰面或装饰物的平面形状与大小。

结构尺寸是指组成装饰面和装饰物各构件及其相互关系的尺寸。由此可确定各种装饰材料的规格,以及材料间、材料与主体结构间的连接固定方法。

平面布置图上为避免重复,同样的尺寸往往只代表性地标注一个,读图时要注意将相同的构件或部件进行归类。

(5)通过平面布置图上的投影符号,明确投影面编号与投影方向,并查出各投影方向的立面图。

(6)通过平面布置图上的剖切符号,明确剖切位置及其剖视方向,并进一步查阅相应的剖面图。

(7)通过平面布置图上的索引符号,明确被索引部位及详图所在的位置。

总体来说,阅读装饰平面布置图要抓住面积、功能、装饰面、设施及与建筑结构的关系这五个要点。

3.装饰平面布置图识读

现以某宾馆会议室来举例说明平面布置图的内容,如图1.72所示。

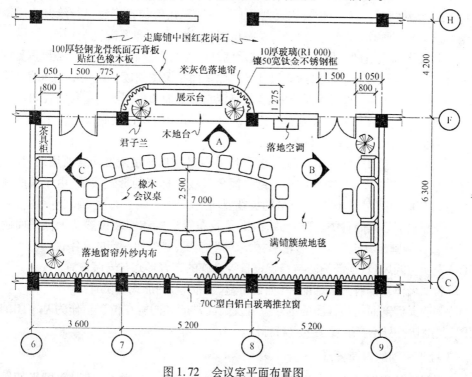

图 1.72 会议室平面布置图

（1）图上尺寸内容有三种：建筑结构体的尺寸；装饰布局和装饰结构的尺寸；家具、设备等尺寸。如会议室平面为三开间，长自⑥轴到⑦轴线共 14 m，宽自 C 轴到 F 轴线共 6.3 m，F 轴向上有局部突出；各室内柱面、墙面均采用白橡木板装饰，尺寸见图；室内主要家具有橡木制船形会议桌、真皮转椅及局部突出的展示台和大门后角的茶具柜等家具设备。

（2）表明装饰结构的平面布置、具体形状及尺寸，饰面的材料与工艺要求。一般装饰体按建筑结构制作，如本图的墙及柱面的装饰。有时也会为了丰富室内空间、增加变化，而将建筑平面在不违反结构要求的前提下进行调整。本图上方平面就进行了向外突出的调整：两角制作成 10 mm 厚的圆弧玻璃墙（半径为 1 m），周边镶 50 mm 宽的钛金不锈钢框，平直部分制作 100 mm 厚的轻钢龙骨纸面石膏板墙，表面贴红色橡木板。

（3）室内家具、设备、织物、陈设、绿化的摆放位置及说明。本图中船形会议桌是家具陈设中的主体，位置居中，其他家具环绕会议桌进行布置，为了主要功能服务。平面突出处摆放两盆君子兰以起到点缀作用；圆弧玻璃处装有米灰色落地帘等。

（4）表明门窗的开启方式及尺寸。有关门窗的造型与做法，在平面布置图中不做反映，交由详图表达。因此图中只见大门为内开平开门，宽 1.5 m，距墙边 800 mm；窗为铝合金推拉窗。

（5）画出各面墙的立面投影符号（或剖切符号）。如图中的 A，为站在 A 点处向上观察⑦轴墙面的立面投影符号。

1.3.3　天棚平面图识读

1.天棚平面图的基本内容与表示方法

（1）表明墙柱和门窗洞口位置。天棚平面图一般采用镜像投影法进行绘制。用镜像投影法绘制的天棚平面图，图形上的前后、左右位置与装饰平面布置图完全相同，纵横轴线的排列也与装饰平面布置图相同。所以，在图示墙柱断面与门窗洞口之后，不必再重复标注轴间尺寸、洞口尺寸及洞间墙尺寸，这些尺寸可对照平面布置图阅读。定位轴线与编号不必每轴都标，只需在平面图形的四角部分标出，能确定它与平面布置图的对应位置便可。

天棚平面图一般不图示门扇及其开启方向线，只图示门窗过梁底面。为了区别门洞与窗洞，窗扇通常用一条细虚线进行表示。

（2）表明天棚装饰造型的平面形式与尺寸，并通过附加文字来说明其所用的材料、色彩及工艺要求。天棚的选级变化要结合造型平面分区线用标高的形式表示，由于其所注的是天棚各构件底面的高度，所以标高符号的尖端要向上。

（3）表明顶部灯具的种类、规格、式样、数量及布置形式和安装位置。天棚平面图上的小型灯具按比例画出其正投影外形轮廓，力求简明扼要，并附加一定的文字说明。

（4）表明空调风口、顶部消防与音响设备等设施的布置形式与安装位置。

（5）表明墙体顶部有关装饰配件（如窗帘盒、窗帘等）的形式与位置。

（6）表明天棚剖面构造详图的剖切位置及剖面构造详图所在位置。作为基本图的装饰剖面图，其剖切符号不在天棚图上进行标注。

2.天棚平面图的识读要点

（1）应弄清楚天棚平面图与平面布置图各部分的相互对应关系，核对天棚平面图与平面布置图在基本结构与尺寸方面是否相符。

（2）对于某些有选级变化的天棚，应分清它的标高尺寸和线型尺寸，并结合造型平面的分区线，在平面上建立起二维空间尺度概念。

（3）通过天棚平面图，了解顶部灯具和设备设施的规格、品种与数量。

（4）通过天棚平面图上的索引符号，找出详图对照，弄清楚天棚的详细构造。

（5）通过天棚平面图上的文字标注，了解天棚所用材料的规格、品种及其施工要求。

3. 天棚平面图识读

现以某宾馆会议室为例说明天棚平面图的内容。

用一个假想的水平剖切平面，沿装饰房间的门窗洞口处，进行水平全剖切，移去下面部分，对上面部分所做的镜像投影，即为天棚平面图，如图 1.73 所示。

（1）反映天棚范围内的装饰造型及尺寸。如图 1.73 所示为一吊顶的天棚平面图，由于房屋结构中有大梁，所以⑦、⑧轴处吊顶有下落，下落处天棚面的标高为 2.35 m（一般为距本层地面的标高），而未下落处天棚面标高为 2.45 m，故两天棚面的高差为 0.1 m。图内横向贯通的粗实线，即为该天棚在左右方向的重合断面图。在图内的上下方向也有粗线表示的重合断面图，反映在这一方向的吊顶最低为 2.25 m，最高为 2.45 m，高差为 0.2 m，梁的底面处装饰造型的宽度为 400 mm，高为 100 mm。

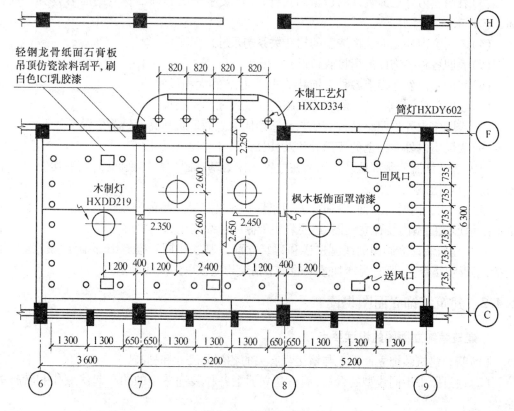

图 1.73　天棚平面图

（2）反映天棚所用的材料规格、灯具灯饰、空调风口及消防报警等装饰内容及设备的位置等。如图 1.73 所示向下突出的梁底造型采用木龙骨架，外包枫木板饰面，表面再罩清漆。

其他位置吊顶采用轻钢龙骨纸面石膏板,表面用仿瓷涂料刮平后刷白色 ICI 乳胶漆。图中还标注了各种灯饰的位置及尺寸:中间部分设有四盏木制圆形吸顶灯,左右两部分选用两盏同类型吸顶灯,其代号为 HXDD219;此外,周边还设有嵌装筒灯 HXDY602,间距为 735 mm、1 300 mm 两种,以及在平面突出处天棚上安装的间距为 820 mm 的五盏木制工艺灯(HXXD334),作为点缀并可进行局部照明。另外,在图的左、中、右有三组空调送风和回风口(均为成品)。

1.4　装饰装修立面图识读

1.4.1　概述

装饰装修立面图包括室外装饰立面图和室内装饰立面图。建筑装饰立面图的基本内容和表示方法如下:

(1)图名、比例和立面图两端的定位轴线及其编号。

(2)在装饰立面图上使用相对标高,即以室内地面为标高零点,并以此为基准来标明装饰立面图上有关部位的标高。

(3)表明室内外立面装饰的造型和式样,并用文字说明其饰面材料的品名、规格、色彩和工艺要求。

(4)表明室内外立面装饰造型的构造关系与尺寸。

(5)表明各种装饰面的衔接收口形式。

(6)表明室内外立面上各种装饰品的式样、位置和大小尺寸。

(7)表明门窗、花格、装饰隔断等设施的高度尺寸和安装尺寸。

(8)表明室内外景园小品或其他艺术造型体的立面形状和高低错落位置尺寸。

(9)表明室内外立面上的所用设备及其位置尺寸和规格尺寸。

(10)表明详图所示部位及详图所在位置。作为基本图的装饰剖面图,其剖切符号一般不应在立面图上标注。

(11)作为室内装饰立面图,还要表明家具和室内配套产品的安放位置和尺寸。如采用剖面图示形式的室内装饰立画图,还要表明天棚的选级变化和相关尺寸。

(12)建筑装饰立画图的线型选样和建筑立面图基本相同。唯有细部描绘应注意力求概括,不得喧宾夺主,所有为增加效果的细节描绘均应该以细淡线表示。

1.4.2　建筑装饰立面图识读

1.建筑装饰立面图的识读要点

(1)明确建筑装饰立面图上与该工程有关的各部分尺寸和标高。

(2)通过图中不同线型的含义,搞清楚立面上各种装饰造型的凹凸起伏变化和转折关系。

(3)弄清楚每个立面上有几种不同的装饰面,以及这些装饰面所选用的材料与施工工艺要求。

(4)立面上各装饰面之间的衔接收口较多,这些内容在立面图上表现得比较概括,多在节点详图中详细表明。要注意找出这些详图,明确它们的收口方式、工艺和所用材料。

(5)明确装饰结构之间以及装饰结构与建筑结构之间的连接固定方式,以便提前准备预埋件和紧固件。

(6)要注意设施的安装位置,电源开关、插座的安装位置和安装方式,以便在施工中预留位置。

阅读室内装饰立面图时,要结合平面布置图、天棚平面图和该室内其他立面图对照阅读,明确该室内的整体做法与要求。阅读室外装饰立面图时,要结合平面布置图和该部位的装饰剖面图综合阅读,全面弄清楚它的构造关系。

2.建筑装饰立面图识读实例

装饰立面图所用比例为 1∶100、1∶50 或 1∶25。室内墙面的装饰立面图通常选用较大比例,如图 1.74 所示。

(1)在图中用相对于本层地面的标高,标注地台、踏步等的位置尺寸。如图中(A 向立面中间)的地台标有 0.150 标高,即表示地台高 0.15 m。

(2)天棚面的距地标高及其叠级(凸出或凹进)造型的相关尺寸。如图中天棚面在大梁处有凸出(即下落),凸出为 0.1 m;天棚距地最低为 2.35 m,最高为 2.45 m。

(3)墙面造型的样式及饰面的处理。本图墙面用轻钢龙骨作为骨架,然后钉以 8 mm 厚密度板,再在板面上用万能胶粘贴各种饰面板,如墙面为白橡板,踢脚为红橡板(高为 200 mm)。图中上方为水平铝合金送风口。

(4)墙面与天棚面相交处的收边做法。图中用 100 mm×3 mm 断面的木质顶角线收边。

(5)门窗的位置、形式及墙面、天棚面上的灯具及其他设备。本图大门为镶板式装饰门,天棚上装有吸顶灯和筒灯,天棚内部装有风机盘管设备(数量如图 1.74 天棚平面图所示)。

(6)固定家具在墙面中的位置、立面形式和主要尺寸。

(7)墙面装饰的长度及范围,以及相应的定位轴线符号、剖切符号等。

(8)建筑结构的主要轮廓及材料图例。

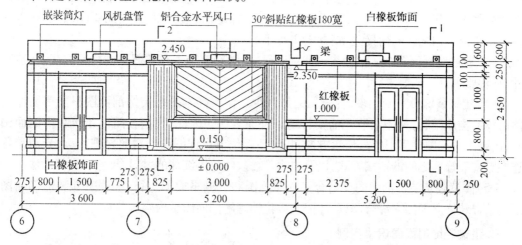

图 1.74　室内墙面装饰立面图

1.5　装饰装修剖面图识读

1.5.1　概述

建筑装饰剖面图的表示方法与建筑剖面图大致相同,下面主要介绍它的基本内容。

(1)表明建筑的剖面基本结构和剖切空间的基本形状,并标注出所需的建筑主体结构的有关尺寸和标高。

(2)表明装饰结构的剖面形状、构造形式、材料组成及固定与支撑构件的相互关系。

(3)表明装饰结构与建筑主体结构之间的衔接尺寸与连接方式。

(4)表明剖切空间内可见实物的形状、大小与位置。

(5)表明装饰结构和装饰面上的设备安装方式或固定方法。

(6)表明某些装饰构件、配件的尺寸,工艺做法与施工要求,另有详图的可概括表明。

(7)表明节点详图和构配件详图的所示部位与详图所在位置。

(8)如果是建筑内部某一装饰空间的剖面图,还要表明剖切空间内与剖切平面平行的墙面装饰形式、装饰尺寸、饰面材料及工艺要求。

(9)表明图名、比例和被剖切墙体的定位轴线及其编号,以便与平面布置图和天棚平面图对照阅读。

1.5.2　建筑装饰剖面图识读

1.建筑装饰剖面图的识读要点

(1)阅读建筑装饰剖面图时,首先要对照平面布置图,看清楚剖切面的编号是否相同,了解该剖面的剖切位置和剖视方向。

(2)在众多图像和尺寸中,要分清哪些是建筑主体结构的图像和尺寸,哪些是装饰结构的图像和尺寸。当装饰结构与建筑结构所用材料相同时,它们的剖断面表示方法是一致的。现代某些大型建筑的室内外装饰,无非是贴墙面、铺地面、吊顶而已,因此要注意区分,以便进一步研究它们之间的衔接关系、方式和尺寸。

(3)通过对剖面图中所示内容的阅读和研究,明确装饰工程各部位的构造方法、构造尺寸、材料要求及工艺要求。

(4)建筑装饰形式变化多,程式化的做法少。作为基本图的装饰剖面图只能表明原则性的技术构成问题,具体细节还需要详图来补充表明。因此,我们在阅读建筑装饰剖面图时,还要注意按图中索引符号所示方向,找出各部位节点详图不断对照仔细阅读,弄清楚各连接点或装饰面之间的衔接方式,以及包边、盖缝、收口等细部的材料、尺寸和详细做法。

(5)阅读建筑装饰剖面图要结合平面布置图和天棚平面图进行,某些室外装饰剖面图还要结合装饰立面图来综合阅读,才能全方位地理解剖面图示内容。

2.建筑装饰剖面图识读实例

如图1.75所示墙的装饰剖面及节点详图中反映了墙板结构做法及内外饰面的处理。墙面主体结构采用100型轻钢龙骨,中间填以矿棉隔声,龙骨两侧钉以8 mm厚密度板,然后用万能胶粘贴白橡板面层,清漆罩面。

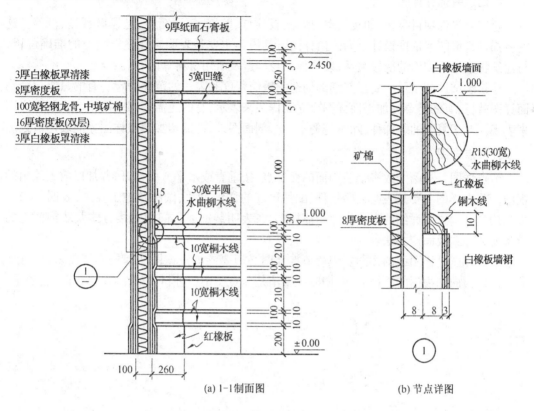

(a) 1-1制面图　　　　　　(b) 节点详图

图 1.75　装饰剖面图及节点详图(单位:mm)

1.6　装饰装修详图识读

建筑装饰装修工程详图是补充平、立、剖图的最为具体的图式手段。

建筑装饰施工平、立、剖三图主要是用以控制整个建筑物、建筑空间与装饰结构的原则性做法。但在建筑装饰全过程的具体实施中还存在着一定的限度,还必须加以深化和提供更为详细和具体的图示内容,只有这样,建筑装饰的施工才能得以继续下去,最终达到满意效果。所指的详图应包含"三详":图形详、数据详、文字详。

1.局部放大图

放大图就是把原状图放大而加以充实,并不是将原状图进行较大的变形。

(1)室内装饰平面局部放大图以建筑平面图为依据,按放大的比例图示出厅室的平面结构形式和形状大小、门窗设置等,对家具、卫生设备、电器设备、织物、摆设、绿化等平面布置表达清楚,同时还要标注有关尺寸和文字说明等。

(2)室内装饰立面局部放大图重点表现墙面的设计,先图示出厅室围护结构的构造形式,再对墙面上的附加物以及靠墙的家具都详细地表现出来,同时标注有关详细尺寸、图示符号和文字说明等。

2. 建筑装饰件详图

建筑装饰件项目很多,如暖气罩、吊灯、吸顶灯、壁灯、空调箱孔、送风口、回风口等。这些装饰件都可能要依据设计意图画出详图。其内容主要是表明它在建筑物上的准确位置,与建筑物其他构配件的衔接关系,装饰件自身构造及所用材料等内容。

建筑装饰件的图示法要视其细部构造的繁简程度和表达的范围而定。有的只要一个剖面详图就行,有的需要另加平面详图或立面详图来表示,有的还需要同时用平、立、剖面详图来表现。对于复杂的装饰件,除本身的平、立、剖面图外,还需增加节点详图才能表达清楚。

3. 节点详图

节点详图是将两个或多个装饰面的交汇点,按垂直或水平方向切开,并加以放大绘出的视图。节点详图主要是表明某些构件、配件局部的详细尺寸、做法及施工要求;表明装饰结构与建筑结构之间详细的衔接尺寸与连接形式;表明装饰面之间的对接方式及装饰面上的设备安装方式及固定方法。

节点详图是详图中的详图。识读节点详图必须要弄清楚该图从何处剖切而来,而且要注意剖切方向和视图的投影方向,同时还要清楚节点图中各种材料的结合方式和工艺要求。

第2章　装饰装修工程工程量清单与计价

2.1　概　　述

2.1.1　工程量清单与计价的基本概念

1. 工程量的概念

工程量即工程的实物数量是以物理计量单位或自然计量单位所表示的各个分项或子项工程和构配件的数量,它是指以法定计量单位表示的长度、面积、质量等。如建筑物的建筑面积、屋面面积(m^2),基础砌筑、墙体砌筑的体积(m^3),钢屋架、钢支撑、钢平台制作安装的质量(t)等。自然计量单位是指以物体的自然组成形态表示的计量单位,如通风机、空调器安装以"台"为单位,风口及百叶窗安装以"个"为单位,消火栓安装以"套"为单位,大便器安装以"组"为单位,散热器安装以"片"为单位。

2. 工程量清单的概念

工程量清单是表现拟建工程的分部分项工程项目、措施项目、其他项目名称和相应数量的明细清单。主要包括分部分项工程量清单、措施项目清单、其他项目清单。

工程量清单体现的核心内容为分项工程项目名称及其相应数量,是招标文件的组成部分,《建设工程工程量清单计价规范》强制规定"采用工程量清单方式招标,工程量清单必须作为招标文件的组成部分,其准确性和完整性由招标人负责"。它由招标人或由其委托的具有相应资质的代理机构按照招标要求,依据《建设工程工程量清单计价规范》中规定的统一项目编码、项目名称、计量单位和工程量计算规则进行编制,作为编制招标控制价、投标报价、计量工程量、支付工程款、调整合同价款、办理竣工结算以及工程索赔等的依据之一。

3. 工程量清单计价的概念

工程量清单计价是指投标人完成由招标人提供的工程量清单所需的全部费用,主要包括分部分项工程费、措施项目费、其他项目费、规费和税金。

工程量清单计价方法是在建设工程招投标中,招标人或委托具有资质的中介机构编制反映工程实体消耗和措施性消耗的工程量清单,并作为招标文件的一部分提供给投标人,由投标人依据工程量清单自主报价的计价方式。在工程招标投标中采用工程量清单计价是国际上较为通行的做法。

工程量清单计价办法的主旨即在全国范围内,统一项目编码、统一项目名称、统一计量单位、统一工程量计算规则。在这四统一的前提下,由国家主管职能部门统一编制《建设工程工程量清单计价规范》,作为强制性标准,在全国统一实施。

2.1.2　工程量清单计价的特点

1."统一计价规则"

通过制定统一的建设工程工程量清单计价方法、统一的工程量计量规则、统一的工程量清单项目设置规则,达到规范计价行为的目的。这些规则和办法是强制性的,建设各方都应该遵守,这是工程造价管理部门首次在文件中明确政府应管什么,不应管什么。

2."有效控制消耗量"

通过由政府发布统一的社会平均消耗量指导标准,为企业提供一个社会平均尺度,避免企业盲目或随意大幅度减少或扩大消耗量,从而达到保证工程质量的目的。

3."彻底放开价格"

将工程消耗量定额中的工、料、机价格和利润、管理费全面放开,由市场的供求关系自行确定价格。

4."企业自主报价"

投标企业根据自身的技术专长、材料采购渠道和管理水平等,制定企业自己的报价定额,自主报价。企业尚无报价定额的,可参考使用造价管理部门颁布的相关定额。

5."市场有序竞争形成价格"

通过建立与国际惯例接轨的工程量清单计价模式,引入充分竞争形成价格的机制,制定衡量投标报价合理性的基础标准,在投标过程中,有效引入竞争机制,淡化标底的作用,在保证质量、工期的前提下,按《中华人民共和国招标投标法》及有关条款规定,最终以"不低于成本"的合理低价者中标。

2.1.3　工程量清单计价的影响因素

工程量清单报价中标的工程无论采用何种计价方法,在正常情况下,基本说明工程造价已确定,只是当出现设计变更或工程量变动时,通过签证再结算调整另行计算。工程量清单工程成本要素的管理重点,是在既定收入的前提下,如何控制成本支出。

(1)对用工批量的有效管理。人工费支出约占建筑产品成本的17%,且随市场价格波动而不断变化。对人工单价在整个施工期间做出切合实际的预测,是控制人工费用支出的前提条件。

首先根据施工进度,月初依据工序合理做出用工数量,结合市场人工单价计算出本月控制指标。其次在施工过程中,依据工程分部分项,对每天用工数量连续记录,在完成一个分项后,就同工程量清单报价中的用工数量对比,进行横评找出存在问题,办理相应手续以便对控制指标加以修正。每月完成几个工程分项后各自同工程量清单报价中的用工数量对比,考核控制指标完成情况。通过这种控制节约用工数量,就意味着降低人工费支出,增加了相应的效益。这种对用工数量控制的方法,最大优势在于不受任何工程结构形式的影响,分阶段加以控制,有很强的实用性。人工费用控制指标,主要是从量上加以控制。重点是通过对在建工程过程控制,积累各类结构形式下实际用工数量的原始资料,以便形成企业定额体系。

(2)材料费用的管理。材料费用开支约占建筑产品成本的63%,是成本要素控制的重点。材料费用因工程量清单报价形式不同,材料供应方式不同而有所不同。如业主限价的材料价格,如何管理? 其主要问题可从施工企业采购过程降低材料单价来把握。首先对本月施工分项所需材料用量下发采购部门,在保证材料质量前提下货比三家。采购过程以工程清单报价中材料价格为控制指标,确保采购过程产生收益。对业主供材供料,确保足斤足两,严把验收入库环节。其次在施工过程中,严格执行质量方面的程序文件,做到材料堆放合理布局,减少二次搬运。具体操作依据工程进度实行限额领料,完成一个分项后,考核控制效果。最后是杜绝没有收入的支出,把返工损失降到最低限度。月末应把控制用量和价格同实际数量横向对比,考核实际效果,对超用材料数量落实清楚,是在哪个工程子项造成的? 原因是什么? 是否存在同业主计取材料差价的问题等。

(3)机械费用的管理。机械费的开支约占建筑产品成本的7%,它的控制指标主要是根据工程量清单计算出使用的机械拉制台班数。在施工过程中,每天做详细台班记录,是否存在维修、待班的台班。如存在现场停电超过合同规定时间,应在当天同业主做好待班现场签证记录,月末将实际使用台班同控制台班的绝对数进行对比,分析量差发生的原因。对机械费价格一般采取租赁协议,合同一般在结算期内不变动,所以,控制实际用量是关键。依据现场情况做到设备合理布局,充分利用,特别是要合理安排大型设备进出场时间,以降低费用。

(4)施工过程中水电费的管理。水电费的管理,在以往工程施工中一直被忽视。水作为人类赖以生存的宝贵资源,越来越短缺,正在给人类敲响警钟。这对加强施工过程中水电费管理的重要性不言而喻。为便于施工过程支出的控制管理,应把控制用量计算到施工子项以便于水电费用控制。月末依据完成子项所需水电用量同实际用量对比,找出差距的出处,以便制定改正措施。总之施工过程中对水电用量控制既是一个经济效益的问题,更重要的是一个合理利用宝贵资源的问题。

(5)对设计变更和工程签证的管理。在施工过程中,经常会遇到一些原设计未预料的实际情况或业主单位提出要求改变某些施工做法、材料代用等,引发设计变更;同样对施工图以外的内容及停水、停电,或因材料供应不及时造成停工、窝工等都需要办理工程签证。以上两部分工作,首先要由负责现场施工的技术人员做好工程量的确认,如存在工程量清单不包括的施工内容,要及时地通知技术人员,将需要办理工程签证的内容落实清楚;其次工程造价人员审核变更或签证签字内容是否清楚完整、手续是否齐全。若手续不齐全,要在当天督促施工人员补办手续,变更或签证的资料应连续编号;最后工程造价人员还应特别注意在施工方案中涉及的工程造价问题。在投标时工程量清单是根据以往的经验计价,建立在既定的施工方案基础上的。施工方案的改变是对工程量清单造价的修正。变更或签证是工程量清单工程造价中所不包括的内容,但在施工过程中费用已经发生,工程造价人员要及时地编制变更及签证后的变动价值。加强设计变更和工程签证工作是施工企业经济活动中的一个重要组成部分,它能够防止应得效益的流失,反映工程真实造价构成,对施工企业各级管理者来说更加重要。

(6)对其他成本要素的管理。成本要素除工料单价法包含的之外,还有管理费用、利润、临设费、税金以及保险费等。这部分收入已分散在工程量清单的子项之中,中标后已成既定的数,所以,在施工过程中应注意以下几点:

　　1）节约管理费用是重点，制定切实的预算指标，对每笔开支严格依据预算执行审批手续；提高管理人员的综合素质做到高效精干，提倡一专多能。对办公费用的管理，从节约一张纸、减少每次通话时间等方面着手，精打细算，控制费用支出。

　　2）利润作为工程量清单子项收入的一部分，在成本不亏损的情况下，即为企业的既定利润。

　　3）对税金、保险费的管理重点是一个资金问题，依据施工进度及时拨付工程款，确保按国家规定的税金及时上缴。

　　4）临设费管理的重点是根据施工的工期及现场情况合理布局临设。尽量就地取材搭建临设，工程接近竣工时及时减少临设的占用。对购买的彩板房每次安、拆要高抬轻放，延长使用次数。日常使用及时维护易损部位，延长使用寿命。

　　以上几个方面是施工企业的成本要素，针对工程量清单形式带来的风险性，施工企业要从加强过程控制的管理方面入手，才能将风险降到最低点。积累各种结构形式下成本要素的资料，逐步形成科学、合理的，具有代表人力、财力及技术力量的企业定额体系。通过企业定额，使报价不再盲目，以防一味过低或过高报价所形成的亏损、废标，以应付复杂激烈的市场竞争。

2.1.4　实行工程量清单计价的目的与意义

　　（1）推行工程量清单计价是深化工程造价管理改革，推进建设市场化的一条重要途径。一直以来，工程预算定额是我国承发包计价、定价的重要依据。现预算定额中规定的消耗量和有关施工措施性费用是按社会平均水平编制的，以此为依据形成的工程造价基本上也是社会的平均价格。这种平均价格可作为市场竞争的参考价格，但不能反映参与竞争企业的实际消耗和技术管理水平，在一定程度上限制了企业的公平竞争。

　　20世纪90年代国家提出了"控制量、指导价、竞争费"的改革措施，将工程预算定额中的人工、材料、机械消耗量和相应的量价分离，国家控制量来保证质量，价格逐步向市场化发展，这一措施走出了向传统工程预算定额改革的第一步。但这种做法很难改变工程预算定额中国家指令性内容较多的状况，难以满足招标投标竞争定价和经评审的合理低价中标的要求。由于国家定额的控制量是社会平均消耗量，不能反映企业的实际消耗量，不能全面体现企业的技术装备水平、管理水平与劳动生产率，不能体现公平竞争的原则，社会平均水平不能代表社会的先进水平，改变以往的工程预算定额的计价模式，适应招标投标的需要，推行工程量清单计价办法非常必要。

　　工程量清单计价是建设工程招标投标中，按国家统一的工程量清单计价规范，按招标人提供工程数量，投标人自主报价，经评审低价中标的工程造价计价模式。采用工程量清单计价能反映工程个别成本，有利于企业自主报价与公平竞争。

　　（2）在建设工程招标投标中实行工程量清单计价是规范建筑市场秩序的治本措施之一，适应社会主义市场经济的需要。工程造价是工程建设的核心，是市场运行的核心内容，建筑市场存在着许多不规范的行为，大多数与工程造价有着直接联系。建筑产品是商品，具有商品的共性，它受价值规律、货币流通规律及供求规律的支配。但是，建筑产品与一般的工业产品价格构成不一样，建筑产品具有某些特殊性，具体内容如下：

　　1）因为建筑产品竣工后一般不在空间发生物理运动，可直接移交给用户，立即进入生产消费或生活消费,所以价格中不含商品使用价值运动发生的流通费用,也就因生产过程在流通领域内继续进行而支付的商品包装运输费、保管费。

2)建筑产品是固定在某地方的。

3)因施工人员和施工机具围绕着建设工程流动,所以,有的建设工程构成还包括施工企业远离基地的费用,甚至包括成建制转移到新的工地所增加的费用等。

建筑产品价格随建设时间和地点而变化,相同结构的建筑物在同一地段建造,施工的时间不同造价就不一样;同一时间、不同地段造价也不一样;即使时间和地段相同,施工方法、施工手段、管理水平不同工程造价也有所差别。所以说,建筑产品的价格,既有它的同一性,又有它的特殊性。

为了推动社会主义市场经济的发展,国家颁发了相应的法律,如《中华人民共和国价格法》第三条规定:“我国实行并逐步完善宏观经济调控下主要由市场形成价格的机制。价格的制定应当符合价格规律,对多数商品和服务价格实行市场调节价,极少数商品和服务价格实行政府指导价或政府定价。”市场调节价是指由经营者自主定价,通过市场竞争形成价格。中华人民共和国建设部第 107 号令《建设工程施工发包与承包计价管理办法》第五条规定:“施工图预算、招标标底和投标报价由成本(直接费、间接费)、利润和税金构成。”第七条规定:“投标报价应依据企业定额和市场信息,并按国务院和省、自治区、直辖市人民政府建设行政主管部门发布的工程造价计价办法编制。”建筑产品市场形成价格是社会主义市场经济的需要。过去工程预算定额在调节承发包双方利益和反映市场价格、需求方面存在着不相适应的地方,特别是公开、公正、公平竞争方面,还缺乏合理的机制,甚至出现了一些漏洞,高估冒算,相互串通,从中回扣。发挥市场规律“竞争”和“价格”的作用是治本之策。尽快建立并完善市场形成工程造价的机制是当前规范建筑市场的需要。通过推行工程量清单计价有利于发挥企业自主报价的能力,同时也有利于规范业主在工程招标中计价行为,有效改变招标单位在招标中盲目压价的行为,从而真正体现公开、公平、公正的原则,反映市场的经济规律。

(3)推行工程量清单计价是与国际接轨的需要。工程量清单计价是目前国际上通行的做法,一些发达国家和地区,如中国香港地区基本采用工程量清单计价方法,在国内的世界银行等国外金融机构、政府机构贷款项目在招标中多数都采用工程量清单计价方法。随着我国加入世贸组织,国内建筑业面临着两大变化:一是中国市场将更具有活力;二是国内市场逐步国际化,竞争更加激烈。入世以后:一是外国建筑商要进入我国建筑市场开展竞争,他们必然要带进国际惯例、规范和做法来计算工程造价;二是国内建筑公司也同样要到国外市场竞争,也需要按国际惯例、规范和做法来计算工程造价;三是我国的国内工程方面,为了能够与外国建筑商在国内市场竞争,也要改变过去的做法,参照国际惯例、规范和做法来计算工程承发包价格。因此,建筑产品的价格由市场形成是社会主义市场经济和适应国际惯例的需要。

(4)实行工程量清单计价是促进建设市场有序竞争和企业健康发展的需要。工程量清单是招标文件的重要的组织部分,由招标单位编制或委托有资质的工程造价咨询单位编制,准确、详尽、完整的编制工程量清单,有利于提高招标单位的管理水平,减少索赔事件的发生。因为工程量清单是公开的,有利于防止招标工程中弄虚作假、暗箱操作等不规范行为。投标单位通过对单位工程成本、利润的分析,统筹考虑,精心选择施工方案,根据企业的定额合理确定人工、材料、机械等要素投入量的合理配置,优化组合,合理控制现场经费和施工技术措施费,在满足招标文件需要的前提下,合理确定自己的报价,让企业有自主报价权。改变了过去依赖建设行政主管部门发布的定额和规定的取费标准计价的模式,有利于提高劳动生产率,促进企业技术进步,节约投资和规范建设市场。采用工程量清单计价后,将使招标活动的透明度增加,在充分竞争的基础上降低了造价,提高了投资效益,且便于操作、推行,业主和承包商将都会接受这种计价模式。

(5)实行工程量清单计价有利于我国工程造价政府职能的转变。按照政府部门真正履行起"经济调节、市场监督、社会管理和公共服务"的职能要求,政府对工程造价管理的模式要做出相应的改变,将推行政府宏观调控、企业自主报价、市场形成价格、社会全面监督的工程造价管理思路。实行工程量清单计价有利于我国工程造价政府职能的转变,由过去的政府控制的指令性定额转变为制定适应市场经济规律需要的工程量清单计价方法,由过去的行政干预转变成为对工程造价的依法监管,有效地强化政府对工程造价的宏观调控。

2.1.5　工程量清单计价与定额计价的差别

(1)编制工程量的单位不同。传统定额预算计价办法是:建设工程的工程量分别由招标单位和投标单位按图计算。工程量清单计价是:工程量由招标单位统一计算或委托有工程造价咨询资质单位统一来计算,"工程量清单"是招标文件的重要组成部分,各投标单位根据招标人提供的"工程量清单",根据自身的技术装备、施工经验、企业定额、企业成本及管理水平自主填写报单价。

(2)编制工程量清单时间不同。传统的定额预算计价法是在发出招标文件后编制(招标与投标人同时编制或投标人编制在前,招标人编制在后)。工程量清单报价法应在发出招标文件前进行编制。

(3)表现形式不同。采用传统的定额预算计价法一般是总价形式。工程量清单报价法采用综合单价的形式,综合单价主要包括人工费、材料费、机械使用费、管理费、利润,并考虑风险因素。工程量清单报价具有直观、单价相对固定的特点,工程量发生变化时,单价通常不进行调整。

(4)编制依据不同。传统的定额预算计价法依据图纸;人工、材料、机械台班消耗量依据建设行政主管部门颁发的预算定额;人工、材料、机械台班单价依据工程造价管理部门发布的价格信息进行计算。工程量清单报价法根据建设部第107号令规定,标底的编制根据招标文件中的工程量清单和有关要求、施工现场情况、合理的施工方法及按建设行政主管部门制定的有关工程造价计价办法编制。企业的投标报价则根据企业定额和市场价格信息,或参照建设行政主管部门发布的社会平均消耗量定额编制。

(5)费用组成不同。传统预算定额计价法的工程造价由直接工程费、措施费、间接费、利润及税金组成。工程量清单计价法工程造价包括分部分项工程费、措施项目费、其他项目费、规费、税金;包括完成每项工程包含的全部工程内容的费用;包括完成每项工程内容所需的费用(规费、税金除外);包括工程量清单中没有体现的,施工中又必须发生的工程内容所需费用,包括风险因素而增加的费用。

(6)评标所用的方法不同。传统预算定额计价投标通常采用百分制评分法。采用工程量清单计价法投标一般采用合理低报价中标法,既要对总价评分,还要对综合单价进行分析评分。

（7）项目编码不同。采用传统的预算定额项目编码，全国各省市采用不同的定额子目，采用工程量清单计价全国实行统一编码，项目编码采用十二位阿拉伯数字表示。一到九位为统一编码，其中，一、二位为附录顺序码，三、四位为专业工程顺序码，五、六位为分部工程顺序码。七、八、九位为分项工程项目名称顺序码，十到十二位为清单项目名称顺序码。前九位码不能变动，后三位码，由清单编制人根据项目设置的清单项目进行编制。

（8）合同价调整方式不同。传统的定额预算计价合同价调整方式有：变更签证、定额解释、政策性调整。工程量清单计价法合同价调整方式主要是索赔。工程量清单的综合单价大多通过招标中报价的形式体现，一旦中标，报价作为签订施工合同的依据相对固定下来，工程结算按承包商实际完成工程量乘以清单中相应的单价计算，减少了调整活口。采用传统的预算定额经常有定额解释及定额规定，结算中也有政策性文件调整。工程量清单计价单价不能随意进行调整。

（9）工程量计算时间前置。工程量清单在招标前由招标人编制。也可能业主为了缩短建设周期，通常在初步设计完成后就开始施工招标，在不影响施工进度的前提下陆续发放施工图纸，因此承包商据以报价的工程量清单中各项工作内容下的工程量一般为概算工程量。

（10）投标计算口径达到了统一。由于各投标单位都根据统一的工程量清单报价，达到了投标计算口径统一。不再是传统预算定额招标，各投标单位各自计算工程量，各投标单位计算的工程量都不一致。

（11）索赔事件增加。由于承包商对工程量清单单价包含的工作内容一目了然，所以凡建设方不按清单内容施工的，任意要求修改清单的，都会增加施工索赔的因素。

2.2 装饰装修工程工程量清单

2.2.1 工程量清单的组成

工程量清单应由分部分项工程量清单、措施项目清单、其他项目清单、规费项目清单、税金项目清单组成。

1. 分部分项工程量清单

（1）分部分项工程量清单应包括项目编码、项目名称、项目特征、计量单位和工程量。这 5 个要点在分部分项工程量清单的组成中缺一不可。

（2）分部分项工程量清单应根据《建设工程工程量清单计价规范》（GB 50500—2008）附录规定的项目编码、项目名称、项目特征、计量单位和工程量计算规则进行编制。

（3）分部分项工程量清单的项目编码，应采用十二位阿拉伯数字表示。一至九位应按《建设工程工程量清单计价规范》（GB 50500—2008）附录规定设置，十至十二位应根据拟建工程的工程量清单项目名称设置。同一招标工程的项目编码不得有重码。

当同一标段（或合同段）的一份工程量清单中含有多个单项或单位（以下简称单位）工程且工程量清单是以单位工程为编制对象时，在编制工程量清单时应特别注意对项目编码十至十二位的设置不得有重码。例如一个标段（或合同段）的工程量清单中含有 3 个单位工程，每一单位工程中都有项目特征相同的实心砖墙砌体，在工程量清单中又需反应 3 个不同单位工程的实心砖墙砌体工程量时,此时工程量清单应以单位工程为编制对象,则第一个单位工程的实心砖墙的项目编码应为 010302001001,第二个单位工程的实心砖墙的项目编码应为 010302001002,第三个单位工程的实心砖墙的项目编码应为 010302001003,并分别列出各单位工程实心砖墙的工程量。

(4)分部分项工程量清单的项目名称应按《建设工程工程量清单计价规范》(GB 50500—2008)附录的项目名称结合拟建工程的实际确定。

(5)分部分项工程量清单中所列工程量应按《建设工程工程量清单计价规范》(GB 50500—2008)附录中规定的工程量计算规则计算。

1)以"t"为计量单位的应保留小数点后三位,第四位小数四舍五入。

2)以"m^3"、"m^2"、"m"、"kg"为计量单位的应保留小数点后二位,第三位小数四舍五入。

3)以"项"、"个"等为计量单位的应取整数。

(6)分部分项工程量清单的计量单位应按《建设工程工程量清单计价规范》(GB 50500—2008)附录中规定的计量单位确定。

当计量单位有两个或两个以上时,应根据所编工程量清单项目的特征要求,选择最适宜表现该项目特征并方便计量的单位。例如门窗工程有"樘"和"m"两个计量单位,实际工作中,就应该选择最适宜、最方便计量的单位来表示。

(7)分部分项工程量清单项目特征应按《建设工程工程量清单计价规范》(GB 50500—2008)附录中规定的项目特征,结合拟建工程项目的实际特征予以描述。

1)项目特征是区分清单项目的依据。工程量清单项目特征是用来表述分部分项工程量清单项目的实质内容,用于区分计价规范中同一清单条目下各个具体的清单项目。没有项目特征的准确描述,对于相同或相似的清单项目名称,就无从区分。

2)项目特征是确定综合单价的前提。由于工程量清单项目的特征决定了工程实体的实质内容,必然直接决定了工程实体的自身价值。因此,工程量清单项目特征描述得准确与否,直接关系到工程量清单项目综合单价的准确确定。

3)项目特征是履行合同义务的基础。实行工程量清单计价,工程量清单及其综合单价是施工合同的组成部分,因此,如果工程量清单项目特征的描述不清甚至漏项、错误,导致在施工过程中更改,就会发生分歧,甚至引起纠纷。

(8)在实际编制工程量清单时,当出现《建设工程工程量清单计价规范》(GB 50500—2008)附录中未包括的清单项目时,编制人应做补充。编制人在编制补充项目时应注意以下 3 个方面。

1)补充项目的编码必须按《建设工程工程量清单计价规范》(GB 50500—2008)的规定进行。即由《建设工程工程量清单计价规范》(GB 50500—2008)附录的顺序码(A、B、C、D、E、F)与 B 和 3 位阿拉伯数字组成。

2)在工程量清单中应附补充项目的项目名称、项目特征、计量单位、工程量计算规则和工作内容。

3)将编制的补充项目报省级或行业工程造价管理机构备案。

2.措施项目清单

措施项目清单应根据拟建工程的实际情况列项。通用措施项目可按表 2.13 选择列项,专业工程的措施项目可按《建设工程工程量清单计价规范》(GB50500—2008)附录中规定的项目选择列项。若出现《建设工程工程量清单计价规范》(GB 50500—2008)未列的项目,可根据工程实际情况补充。

措施项目中可以计算工程量的项目清单宜采用分部分项工程量清单的方式编制,列出项目编码、项目名称、项目特征、计量单位和工程量计算规则;不能计算工程量的项目清单,以"项"为计量单位。

3. 其他项目清单

(1)其他项目清单宜按照下列内容列项。

1)暂列金额。

2)暂估价:包括材料暂估单价、专业工程暂估价。

3)计日工。

4)总承包服务费。

(2)暂列金额是招标人在工程量清单中暂定并包括在合同价款中的一笔款项。有一种错误的观念认为,暂列金额列入合同价格就属于承包人(中标人)所有了,事实上,即便是总价包干合同,也不是列入合同价格的任何金额都属于承包人(中标人)的,是否属于承包人(中标人)应得金额取决于具体的合同约定,暂列金额的定义是非常明确的,只有按照合同约定程序实际发生后,才能成为承包人(中标人)的应得金额,纳入合同结算价款中。扣除实际发生金额后的暂列金额余额仍属于招标人所有。设立暂列金额并不能保证合同结算价格就不会再出现超过合同价格的情况,是否超出合同价格完全取决于工程量清单编制人对暂列金额预测的准确性,以及工程建设过程是否出现了其他事先未预测到的事件。

(3)暂估价是指招标阶段直至签订合同协议时,招标人在招标文件中提供的用于支付必然要发生但暂时不能确定价格的材料以及需另行发包的专业工程金额。

一般而言,为方便合同管理和计价,需要纳入分部分项工程量清单项目综合单价中估价的最好只是材料费,以方便投标人组价。以"项"为计量单位给出的专业工程暂估价一般应是综合暂估价,应当包括除规费、税金以外的管理费、利润等。

(4)计日工是为了解决现场发生的零星工作的计价而设立的。计日工以完成零星工作所消耗的人工工时、材料数量、机械台班进行计量,并按照计日工表中填报的适用项目的单价进行计价支付。计日工适用的所谓零星工作一般是指合同约定之外的或者因变更而产生的、工程量清单中没有相应项目的额外工作,尤其是那些时间不允许事先商定价格的额外工作。计日工为额外工作和变更的计价提供了一个方便快捷的途径。

(5)总承包服务费是为了解决招标人在法律、法规允许的条件下进行专业工程发包以及自行采购供应材料、设备时,要求总承包人对发包的专业工程提供协调和配合服务(如分包人使用总包人的脚手架、应为"水电接剥"等);对供应的材料、设备提供收、发和保管服务以及对施工现场进行统一管理;对竣工资料进行统一汇总整理等发生并向总承包人要求支付的费用。招标人应当预计该项费用并按投标人的投标报价向投标人支付该项费用。

4. 规费项目清单

规费项目清单应按照下列内容列项。

（1）工程排污费。

（2）工程定额测定费。

（3）社会保障费：包括养老保险费、失业保险费、医疗保险费。

（4）住房公积金。

（5）危险作业意外伤害保险。

5.税金项目清单。

税金项目清单应包括下列内容。

（1）营业税。

（2）城市维护建设税。

（3）教育费附加。

2.2.2　工程量清单表格格式

工程量清单包括封面、总说明、分部分项工程量清单与计价表、措施项目清单与计价表、其他项目清单与计价汇总表、暂列金额明细表、材料暂估单价表、专业工程暂估价表、计日工表、总承包服务费计价表、规费、税金项目清单与计价表等内容。

1.封面

工程量清单封面的表格格式见表2.1。

表2.1　工程量清单封面

＿＿＿＿＿＿＿＿＿工程
工程量清单
招　标　人：＿＿＿＿＿＿　　　　工程造价 　　　　　　　　　　　　　　咨　询　人：＿＿＿＿＿＿ 　　（单位盖章）　　　　　　　　　　（单位资质专用章）
法定代表人　　　　　　　　　　法定代表人 或其授权人：＿＿＿＿＿＿　　　或其授权人：＿＿＿＿＿＿ 　　（签字或盖专用章）　　　　　　　（签字或盖章）
编　制　人：＿＿＿＿＿＿　　　复　核　人：＿＿＿＿＿＿ 　　（造价人员签字或盖章）　　　　（造价工程师签字或盖章）
编制时间：　年　月　日　　　复核时间：　年　月　日

2.总说明

工程量清单总说明表的格式见表2.2。

表 2.2　工程量清单总说明

工程名称：　　　　　　　　　　　　　　　　　　　　　　第　页　共　页

3. 分部分项工程量清单与计价表

分部分项工程量清单与计价表见表 2.3。

表 2.3　分部分项工程量清单与计价表

序号	项目编码	项目名称	项目特征描述	计量单位	工程量	金额/元		
						综合单价	合价	其中：暂估价
本页小计								
合　计								

注：根据建设部、财政部发布的《建设安装工程费用组成》(建标〔2003〕206 号)的规定，为计取规费等的使用，可在表中增设其中："直接费"、"人工费"或"人工费+机械费"。

4. 措施项、目清单与计价表

措施项目清单与计价表见表 2.4、表 2.5。

表 2.4　措施项目清单与计价表(一)

工程名称：　　　　　　　标段：　　　　　　　　第　页　共　页

序号	项目名称	计算基础	费率/%	金额/元
合　计				

注：1. 本表适用于以"项"计价的措施项目。

　　2. 根据建设部、财政部发布的《建设安装工程费用组成》(建标〔2003〕206 号)的规定，"计算基础"可为"直接费"或"人工费+机械费"。

表2.5 措施项目清单与计价表(二)

工程名称: 标段: 第 页 共 页

序号	项目编码	项目名称	项目特征描述	计量单位	工程量	金额/元	
						综合单价	合 价
本页小计							
合 计							

注:本表适用于以综合单价形式计价的措施项目。

5. 其他项目清单与计价汇总表

其他项目清单与计价汇总表见表2.6。

表2.6 其他项目清单与计价汇总表

工程名称: 标段: 第 页 共 页

序号	项目名称	计量单位	金额/元	备 注
1	暂列金额			
2	暂估价			
2.1	材料暂估价			
2.2	专业工程暂估价			
3	计日工			
4	总承包服务费			
5				
合 计				—

注:材料暂估单价进入清单项目综合单价,此处不汇总。

表2.7　暂列金额明细表

工程名称：　　　　　　　　　　　　标段：　　　　　　　　第　页　共　页

序号	项目名称	计量单位	暂定金额/元	备 注
1				
2				
3				
4				
5				
6				
7				
8				
9				
10				
11				
合　计				

（2）材料暂估单价表。材料暂估单价表见表2.8。

表2.8　材料暂估单价表

工程名称：　　　　　　　　　　　　标段：　　　　　　　　第　页　共　页

序号	材料名称、规格、型号	计量单位	单价/元	备 注

（3）专业工程暂估价表。专业工程暂估价表见表2.9。

表 2.9 专业工程暂估价表

工程名称： 标段： 第 页 共 页

序号	工程名称	工程内容	金额/元	备 注
合　计				—

（4）计日工表。计日工表见表 2.10。

表 2.10 计日工表

工程名称： 标段： 第 页 共 页

编号	项目名称	单位	暂定数量	综合单价	合 价
一	人　工				
1					
2					
人工小计					
二	材　料				
1					
2					
材料小计					
三	施工机械				
1					
2					
施工机械小计					
总　计					

（5）总承包服务费计价表。总承包服务费计价表见表 2.11。

表 2.11　总承包服务费计价表

工程名称：　　　　　　　　　　　　标段：　　　　　　　　　　第　页　共　页

序号	项目名称	项目价值/元	服务内容	费率/%	金额/元
合　　计					

6. 规费、税金项目清单与计价表

规费、税金项目清单与计价表见表 2.12。

表 2.12　规费、税金项目清单与计价表

工程名称：　　　　　　　　　　　　标段：　　　　　　　　　　第　页　共　页

序号	项 目 名 称	计算基础	费率/%	金额/元
1	规费			
1.1	工程排污费			
1.2	社会保障费			
(1)	养老保险费			
(2)	失业保险费			
(3)	医疗保险费			
1.3	住房公积金			
1.4	危险作业意外伤害保险			
1.5	工程定额测定费			
2	税金	分部分项工程费+ 措施项目费+ 其他项目费+规费		
合　　计				

注：根据建设部、财政部发布的《建筑安装工程费用组成》（建标［2003］206 号）的规定，"计算基础"可为
"直接费"、"人工费"或"人工费+机械费"。

2.2.3　工程量清单的编制

1. 工程量清单封面的编制

（1）招标人自行编制工程量清单时，由招标人单位注册的造价人员编制。招标人盖单

位公章,法定代表人或其授权人签字或盖章;编制人为造价工程师的,由其签字盖执业专用章;编制人为造价员的,在编制人栏签字盖专用章,应由造价工程师复核,并在复核人栏签字盖执业专用章。

(2)招标人委托工程造价咨询人编制工程量清单时,由工程造价咨询人单位注册的造价人员编制。工程造价咨询人盖单位资质专用章,法定代表人或其授权人签字或盖章;编制人为造价工程师的,由其签字盖执业专用章;编制人为造价员的,在编制人栏签字盖专用章,应由造价工程师复核,并在复核人栏签字盖执业专用章。

2. 工程量清单总说明的编制

工程量清单总说明应包括工程概况(如建设地址、建设规模、工程特征、环保要求、交通状况等)、工程量清单编制依据(如采用的标准、施工图纸、标准图集等)、工程发包分包范围、使用材料及设备施工的特殊要求、其他需要说明的问题。

3. 分部分项工程工程量清单的编制

(1)分部分项工程量清单应包括项目编码、项目名称、项目特征、计量单位和工程量5个要件,它们在分部分项工程量清单的组成中缺一不可。

(2)分部分项工程量清单应按照《建设工程工程量清单计价规范》(GB 50500—2008)中附录规定的项目编码、项目名称、项目特征、计量单位和工程量计算规则进行编制。

(3)分部分项工程量清单的项目编码应采用十二位阿拉伯数字表示。其中一、二位为工程分类顺序码,建筑工程为01,装饰装修工程为02,安装工程为03,市政工程为04,园林绿化工程为05,矿山工程为06;三、四位为专业工程顺序码;五、六位为分部工程顺序码;七、八、九位为分项工程项目名称顺序码;十至十二位为清单项目名称顺序码,应根据拟建工程的工程量清单项目名称设置,同一招标工程的项目编码不得有重码。

编制工程量清单时应注意项目编码的设置不得有重码,尤其是当同一标段(或合同段)的一份工程量清单中含有多个单项或单位工程且工程量清单是以单项或单位工程为编制对象时,应注意项目编码中的十至十二位的设置不得重码。

(4)分部分项工程量清单的项目名称应按《建设工程工程量清单计价规范》(GB 50500—2008)附录中的项目名称并结合拟建工程的实际确定。

(5)分部分项工程量清单中所列工程量应按《建设工程工程量清单计价规范》(GB 50500—2008)附录中规定的工程量计算规则计算。工程量的有效位数应遵守以下规定:

1)以"个"、"项"等为单位,应取整数。

2)以"m³"、"m²"、"m"、"kg"为单位,应保留两位小数,第三位小数四舍五入。

3)以"t"为单位,应保留三位小数,第四位小数四舍五入。

(6)分部分项工程量清单的计量单位应按《建设工程工程量清单计价规范》(GB 50500—2008)附录中规定的计量单位确定,当计量单位有两个或两个以上时,应根据拟建工程项目的实际,选择最适合表现该项目特征并方便计量的单位。

(7)分部分项工程量清单项目特征应按《建设工程工程量清单计价规范》(GB 50500—2008)附录中规定的项目特征,并结合拟建工程项目的实际予以描述。

工程量清单的项目特征是确定一个清单项目综合单价不可缺少的主要依据。对工程量清单项目的特征描述意义重大,其主要体现有以下几方面:

1)项目特征是确定综合单价的前提。因工程量清单项目的特征决定了工程实体的实质内容,必然直接决定了工程实体的自身价值。所以工程量清单项目特征描述得是否准确,直接关系到工程量清单项目综合单价的准确确定。

2)项目特征是区分清单项目的依据。工程量清单项目特征是用来表述分部分项清单项目的实质内容,用于区分计价规范中同一清单条目下各个具体的清单项目。没有项目特征的准确描述,对于相同或相似的清单项目名称,就无从区分。

3)项目特征是履行合同义务的基础。实行工程量清单计价,工程量清单及其综合单价是施工合同的组成部分,所以若工程量清单项目特征的描述不清甚至漏项、错误,从而引起在施工过程中的更改,都会引起分歧,导致纠纷。

因此,在编制工程量清单时必须对项目特征进行准确、全面的描述,准确的描述工程量清单的项目特征对于准确的确定工程量清单项目的综合单价具有决定性的作用。

但有些项目特征用文字常常又难以准确和全面描述清楚。所以为达到规范、简捷、准确、全面描述项目特征的要求,在描述工程量清单项目特征时应按以下原则进行:

①项目特征描述的内容应按《建设工程工程量清单计价规范》(GB 50500—2008)附录中的规定,结合拟建工程的实际,能满足确定综合单价的需要。

②当采用标准图集或施工图纸能够全部或部分满足项目特征描述的要求时,项目特征描述可直接采用详见××图集或××图号的方式。对不能满足项目特征描述要求的部分,仍应用文字描述。

(8)在对分部分项工程量清单项目特征描述时,可按以下要点进行:

1)必须描述的内容。

①涉及材质要求的内容必须描述。如油漆的品种、管材的材质,还需要对管材的规格、型号进行描述。

②涉及正确计量的内容必须描述。如门窗洞口尺寸或框外围尺寸,1 樘门或窗的大小,直接关系到门窗的价格,对门窗洞口或框外围尺寸进行描述是十分必要的。

③涉及结构要求的内容必须描述。如混凝土构件的混凝土的强度等级,由于混凝土强度等级不同,其价格也不同,必须描述。

④涉及安装方式的内容必须描述。如管道工程中的管道的连接方式就必须描述。

2)可不描述的内容。

①对计量计价没有实质影响的内容可以不描述。如对现浇混凝土柱的高度、断面大小等的特征规定可以不描述。因为混凝土构件是以“m”计量,对此的描述意义不大。

②应由投标人根据当地材料和施工要求确定的可以不描述。如对混凝土构件中的混凝土拌和料使用的石子种类及粒径、砂的种类的特征规定可以不描述。因为混凝土拌和料使用砾石还是碎石,粗砂还是中砂、细砂或特细砂,除构件本身有特殊要求需要指定外,主要决定于工程所在地砂、石子材料的供应情况。石子的粒径大小主要决定于钢筋配筋的密度。

③应由投标人根据施工方案确定的可以不描述。如对石方的预裂爆破的单孔深度及装药量的特征规定,由清单编制人来描述比较困难,而由投标人根据施工要求,在施工方案中确定,由其自主报价是恰当的。

④应由施工措施解决的可以不描述。如对现浇混凝土板、梁的标高的特征规定可以不描述。因为同样的板或梁,都可以将其归并在同一个清单项目中,但由于标高的不同,将会

导致因楼层的变化对同一项目提出多个清单项目,不同的楼层的工效是不同的,但这样的差异可以由投标人在报价中考虑,或在施工措施中解决。

3)可不详细描述的内容。

①无法准确描述的可不详细描述。如土壤类别,我国幅员辽阔,南北东西差异较大,特别是对于南方来说,在同一地点,因表层土与表层土以下的土壤其类别是不相同的,要求清单编制人准确判定某类土壤的所占比例比较困难,这时,可考虑将土壤类别描述为合格,注明由投标人根据地勘资料自行确定土壤类别以决定报价。

②施工图纸、标准图集标注明确的,可不再进行详细描述。

③还有一些项目可不详细描述,但清单编制人在项目特征描述中要注明由投标人自定。如土方工程中的"取土运距"、"弃土运距"等。首先要求清单编制人决定在多远取土或取、弃土运往多远是困难的;然后由投标人根据在建工程施工情况统筹安排,自主决定取、弃土方的运距可以充分体现竞争的要求。

4)对规范中没有项目特征要求的个别项目,但又必须描述的应进行描述。

(9)编制工程量清单出现《建设工程工程量清单计价规范》(GB 50500—2008)附录中未包括的项目,编制人要做补充,并报省级或行业工程造价管理机构备案,省级或行业工程造价管理机构应汇总报住房和城乡建设部标准定额研究所。

补充项目的编码由附录的顺序码与 B 和三位阿拉伯数字组成,并应从×B001 起顺序编制,同一招标工程的项目不得有重码。工程量清单中需附有补充项目的名称、项目特征、工程量计算规则、计量单位、工程内容。

4.措施项目清单的编制

(1)措施项目清单应根据拟建工程的实际情况列项。通用措施项目可按表2.13选择列项,装饰装修工程措施项目可按表2.14规定的项目选择列项。如出现表2.14中未列的项目,可根据工程实际情况补充。

表 2.13　通用措施项目一览表

序号	项目名称
1.1	安全文明施工(含环境保护、文明施工、安全施工、临时设施)
1.2	夜间施工
1.3	二次搬运
1.4	冬雨季施工
1.5	大型机械设备进出场及安拆
1.6	施工排水
1.7	施工降水
1.8	地上、地下设施、建筑物的临时保护设施
1.9	已完工程及设备保护

表 2.14 装饰装修工程措施项目一览表

序号	项目名称
3.1	脚手架
3.2	垂直运输机械
3.3	室内空气污染测试

(2)措施项目中可以计算工程量的项目清单应采用分部分项工程量清单的方式编制,列出项目编码、项目名称、项目特征、计量单位以及工程量计算规则;不能计算工程量的项目清单,用"项"作为计量单位。

(3)《建设工程工程量清单计价规范》(GB 50500—2008)将实体性项目分为分部分项工程量清单,非实体性项目分为措施项目。一般来说,非实体性项目的费用的发生和金额的大小与使用时间、施工方法或者两个以上工序相关,与实际完成的实体工程量的多少关系较小,典型的是大中型施工机械、文明施工和安全防护、临时设施等。但有的非实体性项目,则是可以计算工程量的项目,典型的是混凝土浇筑的模板工程,用分部分项工程量清单的方式采用综合单价,更有利于措施费的确定及调整,更有利于合同管理。

5. 其他项目清单的编制

(1)其他项目清单应按照以下内容列项:

1)暂列金额。暂列金额是招标人在工程量清单中暂定并包括在合同价款中的一笔款项。暂列金额在"03 规范"中称为"预留金",但由于"03 规范"中对"预留金"的定义不是很明确,发包人也不能正确认识到"预留金"的作用,所以发包人常常回避"预留金"项目的设置。新版《建设工程工程量清单计价规范》(GB 50500—2008)明确规定暂列金额用于施工合同签订时尚未确定或者不可预见的所需材料、设备、服务的采购,施工中可能发生的工程变更、合同约定调整因素出现时的工程价款调整以及发生的索赔、现场签证确认等的费用。

不管采用哪种合同形式,工程造价理想的标准是,一份合同的价格就是其最终的竣工结算价格,或者至少两者要尽可能接近。我国规定对政府投资工程实行概算管理,经项目审批部门批复的设计概算是工程投资控制的刚性指标,即使商业性开发项目也有成本的预先控制问题,反之,无法相对准确预测投资的收益和科学合理地进行投资控制。但工程建设自身的特性决定了工程的设计需要根据工程进展不断地进行优化和调整。业主需求可能会随工程建设进展出现变化,工程建设过程还会存在许多不能预见的因素。消化这些因素必然会影响合同价格的调整,暂列金额正是为这不可避免的价格调整而设立,以便达到合理确定和有效控制工程造价的目标。

此外,暂列金额列入合同价格不代表就属于承包人所有了,即使是总价包干合同,也不代表列入合同价格的所有金额就属于承包人,是否属于承包人应得金额取决于具体的合同约定,只有按照合同约定程序发生后,才能成为承包人的应得金额,纳入合同结算价款中。扣除实际发生金额后的暂列金额余额仍属于发包人所有。设立暂列金额并不能保证合同结算价格就不会再出现超过合同价格的情况,是否超出合同价格完全决定于工程量清单编制人暂列金额预测的准确性,以及工程建设过程是否出现了其他预先未预测到的事件。

2)暂估价。暂估价是指招标阶段直到签订合同协议时,招标人在招标文件中提供的用于支付必然发生但暂时不能确定价格的材料以及专业工程的金额。暂估价包括材料暂估单价和专业工程暂估价。暂估价类似于 FIDIC 合同条款中的 Prime Cost Items,在招标阶段预见肯定要发生,只是由于标准不明确或者需要由专业承包人完成,暂时无法确定价格。暂估价数量和拟用项目应当结合工程量清单中的"暂估价表"进行补充说明。

为方便合同管理,需要纳入分部分项工程量清单项目综合单价中的暂估价应只是材料费,来方便投标人组价。

专业工程的暂估价一般应是综合暂估价,应当包括除规费和税金以外的管理费、利润等取费。总承包招标时,专业工程设计深度通常是不够的,一般需要交由专业设计人设计,国际上,出于提高可建造性考虑,一般由专业承包人负责设计,以发挥其专业技能和专业施工经验的优势。此类专业工程交由专业分包人完成是国际工程的良好实践,目前在我国工程建设领域也已经比较普遍。公开透明地合理确定此类暂估价的实际开支金额的最佳途径,就是通过施工总承包人与工程建设项目招标人共同组织的招标。

3)计日工。计日工在"03 规范"中称为"零星项目工作费"。计日工是为解决现场发生的零星工作的计价而设立的,它为额外工作和变更的计价提供了一个方便快捷的途径。计日工适用的所谓零星工作一般是指合同约定之外的或者因变更而产生的、工程量清单中没有相应项目的额外工作,尤其是那些时间不允许事先商定价格的额外工作。计日工以完成零星工作所消耗的人工工时、材料数量、机械台班进行计量,并按照计日工表中填报的适用项目的单价进行计价支付。

国际上常见的标准合同条款中,大多数都设立了计日工计价机制。但在我国以往的工程量清单计价实践中,由于计日工项目的单价水平一般要高于工程量清单项目的单价水平,因而经常被忽略。从理论上讲,由于计日工往往是用于一些突发性的额外工作,缺少计划性,承包人在调动施工生产资源方面难免不影响已经计划好的工作,生产资源的使用效率也有一定的降低,客观上造成超出常规的额外投入。另外,其他项目清单中计日工往往是一个暂定的数量,其无法纳入有效的竞争。所以合理的计日工单价水平一定是要高于工程量清单的价格水平的。为获得合理的计日工单价,发包人在其他项目清单中对计日工一定要给出暂定数量,并需要根据经验尽可能估算一个较接近实际的数量。

4)总承包服务费。总承包服务费是为了解决招标人在法律、法规允许的条件下进行专业工程发包,以及自行供应材料、设备,并需要总承包人对发包的专业工程提供协调和配合服务,对供应的材料、设备提供收、发和保管服务以及进行施工现场管理时发生,并向总承包人支付的费用。招标人应预计该项费用并按投标人的投标报价向投标人支付该项费用。

(2)当工程实际中出现上述第(1)条中未列出的其他项目清单项目时,可根据工程实际情况进行补充。如工程竣工结算时出现的索赔和现场签证等。

6. 规费与税金项目清单的编制

(1)规费项目清单。规费是根据省级政府或省级有关权力部门规定必须缴纳的,应计入建筑安装工程造价的费用。根据建设部、财政部"关于印发《建筑安装工程费用项目组成》的通知"(建标[2003]206 号)中的规定,规费包括工程排污费、工程定额测定费、社会保障费(养老保险、失业保险、医疗保险)、住房公积金、危险作业意外伤害保险。清单编制人对《建筑安装工程费用项目组成》未包括的规费项目,在编制规费项目清单时应根据省级政府或省级有关权力部门的规定列项。

（2）税金项目清单。根据建设部、财政部"关于印发《建筑安装工程费用项目组成》的通知"（建标［2003］206 号）中的规定，目前我国税法规定应计入建筑安装工程造价的税种包括营业税、城市建设维护税及教育费附加税。如国家税法发生变化，税务部门依据职权增加了税种，应对税金项目清单进行补充。

7. 工程量清单编制实例

封面

**　某住宅楼装饰装修　工程**

工程量清单

招　标　人：　某市房地产开发公司　　　　　　工程造价
咨　询　人：　某工程造价咨询企业

　　　　　　（单位盖章）　　　　　　　　　　　　　（单位资质专用章）

法定代表人
或其授权人：　某单位法定代表人　　　　　　法定代表人
　　　　　　　　　　　　　　　　　　　　　　或其授权人：某工程造价咨询企业法定代表人

　　　　　　（签字或盖章）　　　　　　　　　　　（签字或盖章）

编制人：×××签字盖造价工程师或造价员　　　复核人：××签字盖造价工程师

　　　　（造价人员签字盖专用章）　　　　　　　　（造价工程签字盖专用章）

编制时间：　　年　　月　　日　　　　　复核时间：　　年　　月　　日

注：此为招标人委托工程造价咨询企业编制的工程量清单的封面。

总说明

工程名称:某住宅楼装饰装修工程　　　　　标段:　　　　　　　　第　页　共　页

1. 工程概况:该工程建筑面积 500 m²,其主要使用功能为商住楼;层数三层,混合结构,建筑高度 10.8 m。
2. 招标范围:装饰装修工程。
3. 工程质量要求:优良工程。
4. 工期:60 天。
5. 工程量清单编制依据:
1)由某市建筑工程设计事务所设计的施工图 1 套。
2)由某房地产开发公司编制的《某住宅楼装饰装修工程施工招标书》。
3)工程量清单计量按照国际《建设工程工程量清单计价规范》。
4)工程量清单计价中的工、料、机数量参考当地建筑、水电安装工程定额;其工、料、机的价格参考省、市造价管理部门有关文件或近期发布的材料价格,以及市场价格确定。
5)税金按 3.413% 计取。
6)人工工资按 38.5 元/工日计。
7)垂直运输机械采用卷扬机,费用按某省定额估价表中规定计费。

分部分项工程量清单与计价表

工程名称:某住宅楼装饰装修工程　　　　　标段:　　　　　　　　第　页　共　页

序号	项目编码	项目名称	项目特征描述	计量单位	工程量	金额/元		
						综合单价	合价	其中:暂估价
			B.1 楼地面工程					
1	020101001001	水泥砂浆楼地面	二层楼地面粉水泥砂浆,1:2 水泥砂浆,厚20 mm	m²	10.68			
2	020102001001	石材楼地面	一层营业大理石地面,混凝土垫层 C10 砾 40,厚0.08 m,0.80 m×0.80 m大理石面层	m²	83.25			
			(其他略)					
			分部小计					
			B.2 墙、柱面工程					
3	020201001001	墙面一般抹灰	混合砂浆 15 mm 厚,涂料三遍	m²	926.15			
4	020204003001	块料墙面	瓷板墙裙,砖墙面层,17 mm厚1:3 水泥砂浆	m²	66.32			
			(其他略)					
			分部小计					
		本页小计						
		合计						

注:根据原建设部、财政部发布的《建筑安装工程费用组成》(建标[2003]206 号)的规定,此表用于计取规费等,可在表中增设:"直接费"、"人工费"或"人工费+机械费"。

分部分项工程量清单与计价表

工程名称:某住宅楼装饰装修工程　　　　　　标段:　　　　　　　　第　页　共　页

序号	项目编码	项目名称	项目特征描述	计量单位	工程量	金额/元		
						综合单价	合价	其中:暂估价
			B.3 楼地面工程					
5	020301001001	顶棚抹灰	顶棚抹灰(现浇板低),7 mm 厚 1∶1∶4 水泥,石灰砂浆,5 mm 厚 1∶0.5∶3 水泥砂浆,涂料三遍	m²	123.61			
6	020302002001	格栅吊顶	不上人型 U 型轻钢龙骨 600×600 间距,600×600 石膏板面层	m²	162.40			
			(其他略)					
			分部小计					
			B.4 门窗工程					
7	020101004001	胶合板门	胶合板门 M-2,杉木框钉 5 mm 胶合板,面层 3 mm 厚榉木板,聚氨酯 5 遍,门碰、执手锁 11 个	樘	13			
8	020406002001	金属平开窗	铝合金平开窗,铝合金 1.2 mm 厚,50 系列 5 mm 厚白玻璃	樘	8			
9	020403001001	金属卷闸门	网状铝合金卷闸门 M-5,网状钢丝 φ10,电动装置一套	樘	1			
			(其他略)					
			分部小计					
			B.5 油漆、涂料、裱糊工程					
10	020506001001	抹灰面油漆	外墙门窗套外墙漆,水泥砂浆面上刷外墙漆	m²	42.82		分部小计	
			本页小计					
			合计					

注:根据原建设部、财政部发布的《建筑安装工程费用组成》(建标[2003]206 号)的规定,此表用于计取规费等,可在表中增设:"直接费"、"人工费"或"人工费+机械费"。

措施项目清单与计价表(一)

工程名称:某住宅楼装饰装修工程　　　　标段:　　　　　　　　第　页　共　页

序号	项目名称	计算基础	费率/%	金额/元
1	安全文明施工费			
2	夜间施工费			
3	二次搬运费			
4	垂直运输机械			
5	冬雨期施工费			
6	已完工及设备保护			
合计				

注:1.本表适用于以"项"计价的措施项目。

　　2.根据原建设部财政部发布的《建筑安装工程费用组成》(建标[2003]206号)的规定,"计算基础"可为:"直接费"、"人工费"或"人工费+机械费"。

措施项目清单与计价表(二)

工程名称:某住宅楼装饰装修工程　　　　标段:　　　　　　　　第　页　共　页

序号	项目编码	项目名称	项目特征描述	计量单位	工程量	金额/元	
						综合单价	合价
1	BB001	综合脚手架	多层建筑物(层高在3.6 m以内)檐口高度在20 m以内	m²	500.00		
			(其他略)				
本页小计							
合计							

注:本表适用于以综合单价形式计价的措施项目。

其他项目清单与计价汇总表

工程名称:某住宅楼装饰装修工程　　　　　标段:　　　　　　第　页　共　页

序号	项目名称	计量单位	金额/元	备注
1	暂列金额	项	10 000.00	明细见表-12-1
2	暂估价			
2.1	材料暂估价		—	明细见表-12-2
2.2	专业工程暂估价	项	0.00	
3	计日工			明细见表-12-4
4	总承包服务费		0.00	
	合计			

注:材料暂估单价进入清单项目综合单价,此处不汇总。

暂列金额明细表

工程名称:某住宅楼装饰装修工程　　　　　标段:　　　　　　第　页　共　页

序号	项目名称	计量单位	暂列金额/元	备注
1	政策性调整和材料价格风险	项	5 000.00	
2	工程量清单中工程量变更和设计变更	项	4 000.00	
3	其他	项	1 000.00	
	合计		10 000.00	

注:此表招标人填写,也可只列暂定金额总额,投标人应将上述暂列金额计入投票总价中。

材料估单价表

工程名称:某住宅楼装饰装修工程　　　　　标段:　　　　　　第　页　共　页

序号	项目名称	计量单位	金额/元	备注
1	台阶花岗石	m²	200.00	用在台阶装饰工程中
2	U 型轻龙骨大龙骨 $h=45$	m	3.61	用在部分吊顶工程中
	其他:(略)			

注:1.此表由招标人填写,并在备注栏说明暂估价的材料拟用在哪些清单项目上,投标人应将上述材料暂估单价计入工程量清单综合单价报价中。

2.材料包括原材料、燃料、构配件以及按规定应计入建筑安装工程造价的设备。

计日工表

工程名称:某住宅楼装饰装修工程　　　　标段:　　　　　　　　第　　页 共　　页

编号	项目名称	单位	暂定数量	综合单价	合价/元	
一	人工					
1	技工	工日	15			
人工小计						
二	材料					
材料小计						
三	机械					
总　　计						

注:此表项目名称、数量由招标人填写,编制招标控制价时,单价由招标人按有关计价规定确定;投标时,单价由投标人自助报价,计入投标总价中。

规费、税金项目清单与计价表

工程名称:某住宅楼装饰装修工程　　　　标段:　　　　　　　　第　　页 共　　页

序号	项目名称	计算基础	费率/%	金额/元
1	规费			
1.1	工程排污费	按工程所在地环保部门规定照实计算		
1.2	社会保障费	(1)+(2)+(3)		
(1)	养老保险	定额人工费		
(2)	失业保险	定额人工费		
(3)	医疗保险	定额人工费		
1.3	住房公积金	定额人工费		
1.4	危险作业意外伤害保险	定额人工费		
1.5	工程定额测定费	税前工程造价		
2	税金	分部分项工程费+措施项目费+其他项目费+规费		
合计				

注:根据原建设部财政部发布的《建筑安装工程费用组成》(建标[2003]206号)的规定,"计算基础"可为"直接费"、"人工费"或"人工费+机械费"。

2.3　装饰装修工程工程量清单计价

2.3.1　一般规定

（1）采用工程量清单计价，建设工程造价由措施项目费、分部分项工程费、其他项目费、规费和税金组成。

（2）分部分项工程量清单应采用综合单价计价。

（3）招标文件中的工程量清单标明的工程量是投标人投标报价的共同基础，竣工结算的工程量按发、承包双方在合同中约定应予计量并且实际完成的工程量确定。

（4）措施项目清单计价应根据拟建工程的施工组织设计，可计算工程量的措施项目，按分部分项工程量清单的方式采用综合单价计价；其余的措施项目可以"项"为单位的方式计价，应包括除规费、税金外的全部费用。

（5）措施项目清单中的安全文明施工费应按照国家或省级、行业建设主管部门的规定计价，不得作为竞争性费用。

（6）其他项目清单应根据工程特点和招标控制价、投标控制价、竣工结算的具体规定计价。

（7）招标人在工程量清单中提供了专业工程属于依法必须招标的和暂估价的材料，由承包人和招标人共同通过招标确定材料单价与专业工程分包价。

若材料不属于依法必须招标的，经过发、承包双方协商确认单价后计价。

若专业工程不属于依法必须招标的，由发包人、总承包人与分包人按有关计价依据进行计价。

（8）税金和规费应按国家或省级、行业建设主管部门的规定计算，不得作为竞争性费用。

（9）采用工程量清单计价的工程，应在招标文件或合同中明确风险内容及其范围（幅度），不可以采用无限风险、所有风险或类似语句规定风险内容及其范围（幅度）。

2.3.2　招标控制价

（1）国有资金投资的工程建设项目应实行工程量清单招标，并编制招标控制价。招标控制价超过批准概算时，招标人应将其报原概算审批部门审核。投标人的投标报价高于招标控制价的，其投标应予以拒绝。

（2）招标控制价应由具有编制能力的招标人，或受其委托具有相应资质的工程造价咨询人编制。

（3）招标控制价编制依据：

1）《建设工程工程量清单计价规范》。

2）国家或省级、行业建设主管部门颁发的计价办法和计价定额。

3）建设工程设计文件及相关资料。

4）招标文件中的工程量清单和有关要求。

5）与建设项目相关的标准、规范、技术资料。

6)工程造价管理机构发布的工程造价信息;工程造价信息没有发布的参照市场价。

7)其他相关资料。

(4)分部分项工程费应根据招标文件中的分部分项工程量清单项目的特征描述及有关要求,按上述第(3)条的规定确定综合单价计算。

综合单价中应包括招标文件中要求投标人承担的风险费用。

招标文件提供了暂估单价的材料,按暂估单价计入综合单价。

(5)措施项目费应根据招标文件中的措施项目清单按"一般规定"中的第(4)条、第(5)条和上述第(3)条的规定计价。

(6)其他项目费应按下列规定计价:

1)暂列金额应根据工程特点,按有关计价规定估算。

2)暂估价中的材料单价应根据工程造价信息或参照市场价格估算;暂估价中的专业工程金额应分不同专业,按有关计价规定估算。

3)计日工应根据工程特点和有关计价依据计算。

4)总承包服务费应根据招标文件列出的内容和要求估算。

(7)规费和税金应按"一般规定"中第(8)条的规定计算。

(8)招标控制价应在招标时公布,不应上调或下浮,招标人应将招标控制价及有关资料报送工程所在地的工程造价管理机构备查。

(9)投标人经复核认为招标人公布的招标控制价未按照《建设工程工程量清单计价规范》的规定进行编制的,应在开标前5天向招标投标监督机构或(和)工程造价管理机构投诉。招标投标监督机构应会同工程造价管理机构对投诉进行处理,发现确有错误的,应责成招标人修改。

2.3.3　投标价

(1)除《建设工程工程量清单计价规范》强制性规定外,投标价由投标人自主确定,但不得低于成本。

投标价应由投标人或受其委托具有相应资质的工程造价咨询人编制。

(2)投标人应按招标人提供的工程量清单填报价格。填写的项目编码、项目名称、项目特征、计量单位、工程量必须与招标人提供的一致。

(3)投标报价编制依据:

1)《建设工程工程量清单计价规范》。

2)国家或省级、行业建设主管部门颁发的计价办法。

3)企业定额,国家或省级、行业建设主管部门颁发的计价定额。

4)招标文件、工程量清单及其补充通知、答疑纪要。

5)建设工程设计文件及相关资料。

6)施工现场情况、工程特点及拟定的投标施工组织设计或施工方案。

7)与建设项目相关的标准、规范等技术资料。

8)市场价格信息或工程造价管理机构发布的工程造价信息。

9)其他相关资料。

(4)分部分项工程费应依据综合单价的组成内容,按招标文件中分部分项工程量清单项目的特征描述确定综合单价。

综合单价中应考虑招标文件中要求投标人承担的风险费用。

招标文件中提供了暂估单价的材料,按暂估单价计入综合单价。

(5)投标人可根据工程实际情况结合施工组织设计,对招标人所列的措施项目进行增补。

措施项目费应根据招标文件中的措施项目清单及投标时拟定的施工组织设计或施工方案按"一般规定"中第(4)条的规定自主确定。其中安全文明施工费应按照"一般规定"中第(5)条的规定确定。

(6)其他项目费应按下列规定报价:

1)暂列金额应按招标人在其他项目清单中列出的金额填写。

2)材料暂估价应按招标人在其他项目清单中列出的单价计入综合单价;专业工程暂估价应按招标人在其他项目清单中列出的金额填写。

3)计日工按招标人在其他项目清单中列出的项目和数量,自主确定综合单价并计算计日工费用。

4)总承包服务费根据招标文件中列出的内容和提出的要求自主确定。

(7)规费和税金应按"一般规定"中第(8)条的规定确定。

(8)投标总价应当与分部分项工程费、措施项目费、其他项目费和规费、税金的合计金额一致。

2.3.4　工程合同价款的约定

(1)实行招标的工程合同价款应在中标通知书发出之日起 30 天内,由发、承包人双方依据招标文件和中标人的投标文件在书面合同中约定。

不实行招标的工程合同价款,在发、承包人双方认可的工程价款基础上,由发、承包人双方在合同中约定。

(2)实行招标的工程,合同约定不得违背招标、投标文件中关于工期、造价、质量等方面的实质性内容。招标文件与中标人投标文件不一致的地方,以投标文件为准。

(3)实行工程量清单计价的工程,宜采用单价合同。

(4)发、承包人双方应在合同条款中对下列事项进行约定:合同中没有约定或约定不明的,由双方协商确定;协商不能达成一致的按《建设工程工程量清单计价规范》执行。

1)预付工程款的数额、支付时间及抵扣方式。

2)工程计量与支付工程进度款的方式、数额及时间。

3)工程价款的调整因素、方法、程序、支付及时间。

4)索赔与现场签证的程序、金额确认与支付时间。

5)发生工程价款争议的解决方法及时间。

6)承担风险的内容、范围以及超出约定内容、范围的调整办法。

7)工程竣工价款结算编制与核对、支付及时间。

8)工程质量保证(保修)金的数额、预扣方式及时间。

9)与履行合同、支付价款有关的其他事项等。

2.3.5　工程计量与价款支付

(1)发包人应按照合同约定支付工程预付款。支付的工程预付款,按照合同约定在工程进度中抵扣。

(2)发包人支付工程进度款,应按照合同约定计量和支付,支付周期同计量周期。

(3)工程计量时,若发现工程量清单中出现漏项、工程量计算偏差,以及工程变更引起工程量的增减,应按承包人在履行合同义务过程中实际完成的工程量计算。

(4)承包人应按照合同约定,向发包人递交已完工程量报告。发包人应在接到报告后按合同约定进行核对。

(5)承包人应在每个付款周期末,向发包人递交进度款支付申请,并附相应的证明文件。除合同另有约定外,进度款支付申请应包括下列内容:

1)本周期已完成工程的价款。

2)累计已完成的工程价款。

3)累计已支付的工程价款。

4)本周期已完成的计日工金额。

5)应增加和扣减的变更金额。

6)应增加和扣减的索赔金额。

7)应抵扣的工程预付款。

8)应扣减的质量保证金。

9)根据合同应增加和扣减的其他金额。

10)本付款周期实际应支付的工程价款。

(6)发包人在收到承包人递交的工程进度款支付申请及相应的证明文件后,发包人应在合同约定时间内核对和支付工程进度款。发包人应扣回的工程预付款,与工程进度款同期结算抵扣。

(7)发包人未在合同约定时间内支付工程进度款,承包人应及时向发包人发出要求付款的通知,发包人收到承包人通知后仍不按要求付款,可与承包人协商签订延期付款协议,经承包人同意后延期支付。协议应明确延期支付的时间和从付款申请生效后按同期银行贷款利率计算应付款的利息。

(8)发包人不按合同约定支付工程进度款,双方又未达成延期付款协议,导致施工无法进行时,承包人可停止施工,由发包人承担违约责任。

2.3.6　　索赔与现场签证

(1)合同一方向另一方提出索赔,应有正当的索赔理由和有效证据,并应符合合同的相关约定。

(2)若承包人认为非承包人原因发生的事件造成了承包人的经济损失,承包人应在确认该事件发生后,按合同约定向发包人发出索赔通知。

(3)承包人索赔按下列程序处理:

1)承包人在合同约定的时间内向发包人递交费用索赔意向通知书。

2)发包人指定专人收集与索赔有关的资料。

3）承包人在合同约定的时间内向发包人递交费用索赔申请表。

4）发包人指定的专人初步审查费用索赔申请表,符合上述第1）条规定的条件时予以受理。

5）发包人指定的专人进行费用索赔核对,经造价工程师复核索赔金额后,与承包人协商确定并由发包人批准。

6）发包人指定的专人应在合同约定的时间内签署费用索赔审批表,或发出要求承包人提交有关索赔的进一步详细资料的通知,待收到承包人提交的详细资料后,按本条第4）、5）款的程序进行。

（4）若承包人的费用索赔与工程延期索赔要求相关联时,发包人在做出费用索赔的批准决定时,应结合工程延期的批准,综合做出费用索赔与工程延期的决定。

（5）若发包人认为由于承包人的原因造成额外损失,发包人应在确认引起索赔的事件后,按合同约定向承包人发出索赔通知。

承包人在收到发包人索赔通知后并在合同约定时间内,未向发包人做出答复,视为该项索赔已经认可。

（6）承包人应发包人要求完成合同以外的零星工作或非承包人责任事件发生时,承包人应按合同约定及时向发包人提出现场签证。

（7）发、承包人双方确认的索赔与现场签证费用与工程进度款同期支付。

2.3.7　工程价款调整

（1）招标工程以投标截止日前28天,非招标工程以合同签订前28天为基准日,其后国家的法律、法规、规章和政策发生变化影响工程造价的,应按省级或行业建设主管部门或其授权的工程造价管理机构发布的规定调整合同价款。

（2）若施工中出现施工图纸（含设计变更）与工程量清单项目特征描述不符的,发、承包双方应按新的项目特征确定相应工程量清单的综合单价。

（3）因分部分项工程量清单漏项或非承包人原因的工程变更,造成增加新的工程量清单项目,其对应的综合单价按下列方法确定:

1）合同中已有适用的综合单价,按合同中已有的综合单价确定。

2）合同中有类似的综合单价,参照类似的综合单价确定。

3）合同中没有适用或类似的综合单价,由承包人提出综合单价,经发包人确认后执行。

（4）因分部分项工程量清单漏项或非承包人原因的工程变更,引起措施项目发生变化,造成施工组织设计或施工方案变更,原措施费中已有的措施项目,按原有措施费的组价方法调整;原措施费中没有的措施项目,由承包人根据措施项目变更情况,提出适当的措施费变更,经发包人确认后调整。

（5）因非承包人原因引起的工程量增减,该项工程量变化在合同约定幅度以内的,应执行原有的综合单价;该项工程量变化在合同约定幅度以外的,其综合单价及措施费应予以调整。

（6）若施工期内市场价格波动超出一定幅度时,应按合同约定调整工程价款;合同没有约定或约定不明确的,应按省级或行业建设主管部门或其授权的工程造价管理机构的规定调整。

（7）因不可抗力事件导致的费用，发、承包双方应按以下原则分别承担并调整工程价款。

1）工程本身的损害、因工程损害导致第三方人员伤亡和财产损失以及运至施工现场用于施工的材料和待安装的设备的损害，由发包人承担。

2）发包人、承包人人员伤亡由其所在单位负责，并承担相应费用。

3）承包人的施工机械设备的损坏及停工损失，由承包人承担。

4）停工期间，承包人应发包人要求留在施工现场的必要的管理人员及保卫人员的费用，由发包人承担。

5）工程所需清理、修复费用，由发包人承担。

（8）工程价款调整报告应由受益方在合同约定时间内向合同的另一方提出，经对方确认后调整合同价款。受益方未在合同约定时间内提出工程价款调整报告的，视为不涉及合同价款的调整。

收到工程价款调整报告的一方应在合同约定时间内确认或提出协商意见，否则视为工程价款调整报告已经确认。

（9）经发、承包双方确定调整的工程价款，作为追加（减）合同价款与工程进度款同期支付。

2.3.8　竣工结算

（1）工程完工后，发、承包双方应在合同约定时间内办理工程竣工结算。

（2）工程竣工结算由承包人或受其委托具有相应资质的工程造价咨询人编制，由发包人或受其委托具有相应资质的工程造价咨询人核对。

（3）工程竣工结算编制依据：

1）《建设工程工程量清单计价规范》。

2）施工合同。

3）工程竣工图纸及资料。

4）双方确认的工程量。

5）双方确认追加（减）的工程价款。

6）双方确认的索赔、现场签证事项及价款。

7）投标文件。

8）招标文件。

9）其他依据。

（4）分部分项工程量费应依据双方确认的工程量、合同约定的综合单价计算；如发生调整的，以发、承包双方确认调整的综合单价计算。

（5）措施项目费应依据合同约定的项目和金额计算；如发生调整的，以发、承包双方确认调整的金额计算，其中安全文明施工费应按（1）一般规定中第5）条的规定计算。

（6）其他项目费用应按下列规定计算：

1）计日工应按发包人实际签证确认的事项计算。

2）暂估价中的材料单价应按发、承包双方最终确认价在综合单价中调整；专业工程暂估价应按中标价或发包人、承包人与分包人最终确认价计算。

3）总承包服务费应依据合同约定金额计算，如发生调整的，以发、承包双方确认调整的金额计算。

4）索赔费用应依据发、承包双方确认的索赔事项和金额计算。

5）现场签证费用应依据发、承包双方签证资料确认的金额计算。

6）暂列金额应减去工程价款调整与索赔、现场签证金额计算，如有余额归发包人。

（7）规费和税金应按"一般规定"中第（8）条的规定计算。

（8）承包人应在合同约定时间内编制完成竣工结算书，并在提交竣工验收报告的同时递交给发包人。

承包人未在合同约定时间内递交竣工结算书，经发包人催促后仍未提供或没有明确答复的，发包人可以根据已有资料办理结算。

（9）发包人在收到承包人递交的竣工结算书后，应按合同约定时间核对。

同一工程竣工结算核对完成，发、承包双方签字确认后，禁止发包人又要求承包人与另一个或多个工程造价咨询人重复核对竣工结算。

（10）发包人或受其委托的工程造价咨询人收到承包人递交的竣工结算书后，在合同约定时间内，不核对竣工结算或未提出核对意见的，视为承包人递交的竣工结算书已经认可，发包人应向承包人支付工程结算价款。

承包人在接到发包人提出的核对意见后，在合同约定时间内，不确认也未提出异议的，视为发包人提出的核对意见已经被认可，竣工结算办理完毕。

（11）发包人应对承包人递交的竣工结算书签收，拒不签收的，承包人可以不交付竣工工程。

承包人未在合同约定时间内递交竣工结算书的，发包人要求交付竣工工程，承包人应当交付。

（12）竣工结算办理完毕，发包人应将竣工结算书报送工程所在地的工程造价管理机构备案。竣工结算书作为工程竣工验收备案、交付使用的必备文件。

（13）竣工结算办理完毕，发包人应根据确认的竣工结算书在合同约定时间内向承包人支付工程竣工结算价款。

（14）发包人未在合同约定时间内向承包人支付工程结算价款的，承包人可催告发包人支付结算价款。如达成延期支付协议的，发包人应按同期银行同类贷款利率支付拖欠工程价款的利息。如未达成延期支付协议，承包人可以与发包人协商将该工程折价，或申请人民法院将该工程依法拍卖，承包人就该工程折价或者拍卖的价款优先受偿。

2.3.9　工程计价争议处理

（1）在工程计价中，对工程造价计价依据、办法以及相关政策规定发生争议事项的，由工程造价管理机构负责解释。

（2）发包人对工程质量有异议，拒绝办理工程竣工结算的，已竣工验收或已竣工未验收但实际投入使用的工程，其质量争议按该工程保修合同执行，竣工结算按合同约定办理；已竣工未验收且未实际投入使用的工程以及停工、停建工程的质量争议，双方应就有争议的部分委托有资质的检测鉴定机构进行检测，根据检测结果确定解决方案，或按工程质量监督机构的处理决定执行后办理竣工结算，无争议部分的竣工结算按合同约定办理。

（3）发、承包双方发生工程造价合同纠纷时，应通过下列办法解决：

1）双方协商。

2）提请调解，工程造价管理机构负责调解工程造价问题。

3)按合同约定向仲裁机构申请仲裁或向人民法院起诉。

（4）在合同纠纷案件处理中，需作工程造价鉴定的，应委托具有相应资质的工程造价咨询人进行。

2.3.10　工程量清单计价工作程序

（1）做好招标投标前期准备工作，即招标单位在初步设计、工程方案或部分施工图设计完成以后，即可由招标单位自己或委托具备资质的中介单位编制工程量清单。工程造价人员根据招标文件的有关要求和工程的特点，依据施工图纸和国家统一的工程量计算规则计算工程量。

（2）工程量清单由招标单位编制完成以后，投标单位依据招标文件、设计图纸和工程量清单的编制规则对工程量清单进行复核。

（3）召开工程量清单的答疑会议。投标单位对工程量清单进行复核，提出不明白的地方，招标单位要在3天内召开答疑会议。解答投标单位提出的问题，并以会议纪要的形式记录下来，发给所有投标单位，作为统一调整的依据。

（4）投标单位依照统一的工程量清单确定其投标综合单价。

（5）通过对综合单价的分析，对工程量清单中每一分项单价确定以后，投标单位对招标单位提供的工程量清单的每一项均需填报单价和合价，最后将各项费用汇总即可得到工程的总造价。

（6）评标与定标。在评标的过程中，要淡化标底的作用，改革评标过程中以标底价格为唯一尺度的做法，代之以审定的标底价格，各投标人的投标价格以及招标人在审定的标底价格基础上的期望浮动率等构成的合成标底价格作为评审标价的标准尺度。

工程量清单计价的主要工作程序如图2.1所示。

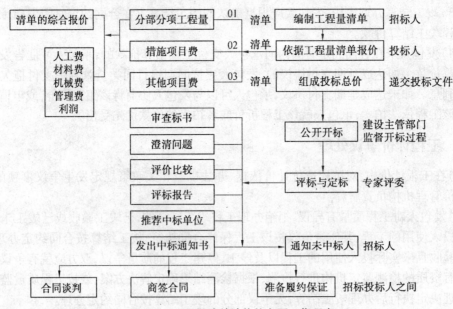

图2.1　工程量清单计价的主要工作程序

第3章　装饰装修工程工程量计算

3.1　楼地面工程

3.1.1　楼地面工程清单工程量计算相关说明

1.楼地面工程量清单项目的划分与编码

（1）清单项目的划分。楼地面工程按施工工艺、材料及部位分为整体面层、块料面层、橡塑面层、其他材料面层、踢脚线、楼梯装饰、扶手栏杆、栏板装饰、台阶装饰、零星装饰项目。适用于楼地面、楼梯、台阶等装饰工程。

各项目所包含的清单项目，见表3.1。

表3.1　地面工程清单项目划分

项目	分　　类
整体面层	水泥砂浆、细石、混凝土面层、现浇水磨石面层及菱苦土楼地面
块料面层	大理石面层、花岗岩面层、预制水磨石面层、陶瓷锦砖面层、水泥方砖面层、橡胶、塑料板面层等
橡塑面层	橡胶板、橡胶卷材、塑料板、塑料卷材楼地面
其他面层	包括楼地面地毯,竹木、防静电活动、金属复合地板
踢脚线	水泥踢脚线、石材踢脚线、块料踢脚线、现浇水磨石踢脚线,塑料板、木质、金属、防静电踢脚线等
楼梯装饰	石材、块料、水泥砂浆、水磨石、地毯、木板楼梯面层
扶手、拉杆、栏板	金属、硬木、铝合金扶手,不锈钢扶手,钢管、钢管扶手
台阶装饰	石材、块料、水泥砂浆、现浇水磨石、剁假石台阶面
零星装饰	石材、碎拼石材、块料、水泥砂浆等零星项目

（2）清单项目的编码。一级编码为02清单计价规范（附录B）；二级编码01（清单计价规范第一章,楼地面工程）；三级编码01～09（从整体面层至零星装饰项目）；四级编码从001始,根据各项目所包含的清单项目不同,第三位数字依次递增；五级编码从001始,依次递增,比如,同一个工程中的块料面层,不同房间因其规格、品牌等不同,其价格也不同,故其编码从第五级编码区分。

2.清单工程量计算有关问题说明

（1）有关项目列项问题说明。

1）零星装饰适用于小面积（0.5 m² 以内）少量分散的楼地面装饰,其工程部位或名称应在清单项目中描述。

2）楼梯、台阶侧面装饰，可按零星装饰项目进行编码列项，并在清单项目中描述。

3）扶手、栏杆、栏板适用于楼梯、阳台、走廊、回廊及其他装饰性扶手栏杆、栏板。

（2）有关项目特征说明。

1）楼地面是指构成的基层（楼板、夯实土基）、垫层（承受地面荷载并均匀传递给基层的构造层）、填充层（在建筑楼地面上起隔声、保温、找坡或敷设暗管、暗线等作用的构造层）、隔离层（起防水、防潮作用的构造层）、找平层（在垫层、楼板上或填充层上起找平、找坡或加强作用的构造层）、结合层（面层与下层相结合的中间层）、面层（直接承受各种荷载作用的表面层）等。

2）垫层为混凝土垫层、砂石人工级配垫层、天然级配砂石垫层、灰土垫层、碎石或碎砖垫层、三合土垫层、炉渣垫层等。

3）找平层指水泥砂浆找平层，有比较特殊要求的可采用细石混凝土、沥青砂浆、沥青混凝土等材料铺设找平层。

4）隔离层指卷材、防水砂浆、沥青砂浆或防水涂料等材料的构造层。

5）填充层即用轻质的松散材料（炉渣、膨胀蛭石、膨胀珍珠岩等）或块体（加气混凝土、泡沫混凝土、泡沫塑料、矿棉、膨胀珍珠岩、膨胀蛭石块和板材等）材料以及整体材料（沥青膨胀珍珠岩、沥青膨胀蛭石、水泥膨胀珍珠岩、膨胀蛭石等）铺设而成。

6）面层指整体面层（水泥砂浆、现浇水磨石、细石混凝土、菱苦土等）、块料面层（石材、陶瓷地砖、橡胶、塑料、竹、木地板）等。

7）面层中涉及的其他材料有：

①防护材料是耐酸、耐碱、耐老化、耐臭氧、防火、防油渗等材料。

②嵌条材料主要用于水磨石的分格、作图案等。如：玻璃嵌条、铜嵌条、铝合金嵌条、不锈钢嵌条等。

③颜料用于水磨石地面、踢脚线、楼梯、台阶和块料面层勾缝所需配制的石子浆或砂浆内加添的材料（耐碱的矿物颜料）。

④压线条即用地毯、橡胶板、橡胶卷材铺设而成。如：不锈钢、铝合金、铜压线条等。

⑤防滑条用于楼梯、台阶踏步的防滑设施，如：水泥玻璃屑、水泥钢屑、铜或铁防滑条等。

⑥地毡固定配件用于固定地毡的压棍脚和压棍。

⑦扶手固定配件用于楼梯、台阶的栏杆柱、栏杆、栏板与扶手相连接的固定件，靠墙扶手与墙相连接的固定件。

⑧酸洗、打蜡磨光，磨石、菱苦土、陶瓷块料等都可用酸洗（草酸）来清洗油渍、污渍，再打蜡（蜡脂、松香水、鱼油、煤油等按设计要求配合）和磨光。

（3）工程量计算规则的说明。

1）"不扣除间壁墙和面积在 0.3 m² 以内的柱、垛、附墙烟囱及孔洞所占面积"，与《基础定额》不同。

2）单跑楼梯中间是否有休息平台，其工程量与双跑楼梯同样计算。

3）台阶面层与平台面层是同一种材料时，平台计算面层后，台阶不再计算最上一层踏步面积；如台阶计算最上一层踏步，平台面层中要扣除该面积。

4）包括垫层的地面和不包括垫层的楼面要分别计算工程量，分别编码（第五级编码）列项。

(4)有关工程内容说明。

1)有填充层和隔离层的楼地面一般有两层找平层,要注意报价。

2)当台阶面层与找平层材料相同而最后一步台阶投影面积不计算时,应将最后一步台阶的踢脚本板面层考虑在报价之内。

3.1.2 楼地面工程工程量清单项目设置及工程量计算

1.整体面层

(1)工程量清单项目设置及工程量计算规则。工程量清单项目设置及工程量计算规则应按表3.2的规定执行。

表 3.2 整体面层(编号:020101)

项目编码	项目名称	项目特征	计量单位	工程量计算规则	工程内容
020101001	水泥砂浆楼地面	1.垫层材料种类、厚度 2.找平层厚度、砂浆配合比 3.防水层厚度、材料种类 4.面层厚度、砂浆配合比	m^2	按设计图示尺寸以面积计算。扣除凸出地面构筑物、设备基础、室内铁道、地沟等所占面积,不扣除间壁墙和0.3 m^2以内的柱、垛、附墙烟囱及孔洞所占面积。门洞、空圈、暖气包槽、壁龛的开口部分不增加面积	1.基层清理 2.垫层铺设 3.抹找平层 4.防水层铺设 5.抹面层 6.材料运输
020101002	现浇水磨石楼地面	1.垫层材料种类、厚度 2.找平层厚度、砂浆配合比 3.防水层厚度、材料种类 4.面层厚度、水泥石子浆配合比 5.嵌条材料种类、规格 6.石子种类、规格、颜色 7.颜料种类、颜色 8.图案要求 9.磨光、酸洗、打蜡要求	m^2	按设计图示尺寸以面积计算。扣除凸出地面构筑物、设备基础、室内铁道、地沟等所占面积,不扣除间壁墙和0.3 m^2以内的柱、垛、附墙烟囱及孔洞所占面积。门洞、空圈、暖气包槽、壁龛的开口部分不增加面积	1.基层清理 2.垫层铺设 3.抹找平层 4.防水层铺设 5.面层铺设 6.嵌缝条安装 7.磨光、酸洗、打蜡 8.材料运输

续表3.2

项目编码	项目名称	项目特征	计量单位	工程量计算规则	工程内容
020101003	细石混凝土地面	1. 垫层材料种类、厚度 2. 找平层厚度、砂浆配合比 3. 防水层厚度、材料种类 4. 面层厚度、混凝土强度等级	m²	按设计图示尺寸以面积计算。扣除凸出地面构筑物、设备基础、室内铁道、地沟等所占面积,不扣除间壁墙和0.3 m²以内的柱、垛、附墙烟囱及孔洞所占面积。门洞、空圈、暖气包槽、壁龛的开口部分不增加面积	1. 基层清理 2. 垫层铺设 3. 抹找平层 4. 防水层铺设 5. 面层铺设 6. 材料运输
020101004	菱苦土楼地面	1. 垫层材料种类、厚度 2. 找平层厚度、砂浆配合比 3. 防水层厚度、材料种类 4. 面层厚度 5. 打蜡要求	m²	按设计图示尺寸以面积计算。扣除凸出地面构筑物、设备基础、室内铁道、地沟等所占面积,不扣除间壁墙和0.3m²以内的柱、垛、附墙烟囱及孔洞所占面积。门洞、空圈、暖气包槽、壁龛的开口部分不增加面积	1. 清理基层 2. 垫层铺设 3. 抹找平层 4. 防水层铺设 5. 面层铺设 6. 打蜡 7. 材料运输

(2)工程量计算示例。

【例3.1】 某商店平面如图3.1所示。地面做法:C20细石混凝土找平层60 mm厚,1:2.5白水泥色石子水磨石面层20 mm厚,15 mm×2 mm铜条分隔,距墙柱边300 mm范围内按纵横1 m宽分格。计算地面工程量。

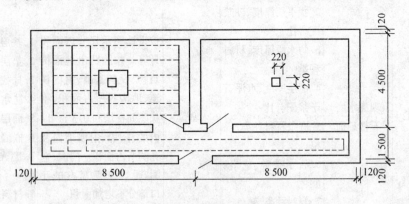

图3.1 某商店平面

【解】 现浇水磨石楼地面工程量计算如下:

现浇水磨石楼地面工程量/m²:主墙间净长度×主墙间净宽度-构筑物等所占面积

现浇水磨石楼地面工程量/m²:$(8.5-0.22)×(4.5-0.22)×2+(8.5×2-0.22)×(1.5-0.22)=92.36$

2. 块料面层

(1)工程量清单项目设置及工程量计算规则。工程量清单项目设置及工程量计算规则,见表3.3。

表3.3 块料面层(编码:020102)

项目编码	项目名称	项目特征	计量单位	工程量计算规则	工程内容
020102001	石材楼地面	1. 垫层材料种类、厚度 2. 找平层厚度、砂浆配合比 3. 防水层、材料种类 4. 填充材料种类、厚度	m²	按设计图示尺寸以面积计算。扣除凸出地面构筑物、设备基础、室内铁道、地沟等所占面积,不扣除间壁墙和0.3 m²以内的柱、垛、附墙烟囱及孔洞所占面积。门洞、空圈、暖气包槽、壁龛的开口部分不增加面积	1. 基层清理、铺设垫层、抹找平层 2. 防水层铺设、填充层 3. 面层铺设 4. 嵌缝 5. 刷防护材料 6. 酸洗、打蜡 7. 材料运输
020102002	块料楼地面	5. 结合层厚度、砂浆配合比 6. 面层材料品种、规格、品牌、颜色 7. 嵌缝材料种类 8. 防护层材料种类 9. 酸洗、打蜡要求			

(2)工程量计算示例。

【例3.2】 计算图3.2所示房屋的花岗岩地面面层工程量。

【解】 块料面层指用预制块料铺设而成的楼地面面层。其工程量按图示尺寸实铺面积以平方米计算,门洞、空圈、暖气包槽和壁龛的开口部分的工程量并入相应的面层内计算。

花岗岩地面面层工程量/m²:实铺面积+主墙间净空面积+门洞等开口部分面积=(3-0.24)×(5.2-0.24)×2+(3.6-0.24)×(5.2-0.24)+1×0.24×3=27.38+16.67+0.72=44.77

【例3.3】 某房间平面图如图3.3所示,试分别计算此房间铺贴大理石和做现浇水磨石板整体面层时的工程量。

【解】

(1)铺贴大理石地面面层的工程量/m²:(3+3-0.12×2)×(2.5+2.5-0.12×2)-0.9×0.6-0.4×0.4=26.72

(2)现浇水磨石整体面层的工程量/m²:(3+3-0.12×2)×(2.5+2.5-0.12×2)-0.9×0.6=26.88

3. 橡塑面层

(1)工程量清单项目设置及工程量计算规则。工程量清单项目设置及工程量计算规则,见表3.4。

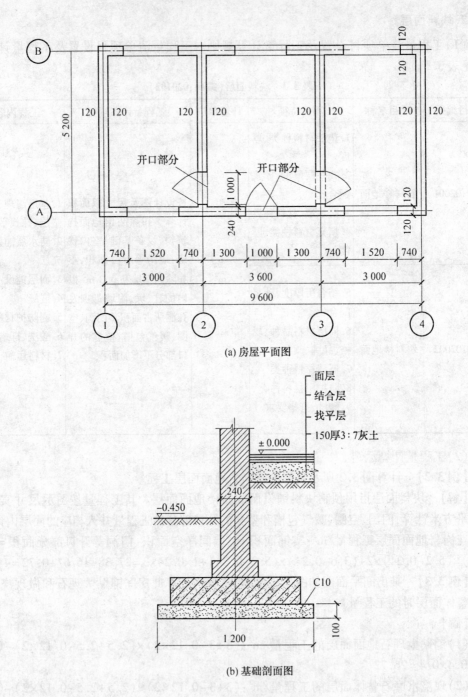

(a) 房屋平面图

(b) 基础剖面图

图3.2 某房屋平面及基础剖面图

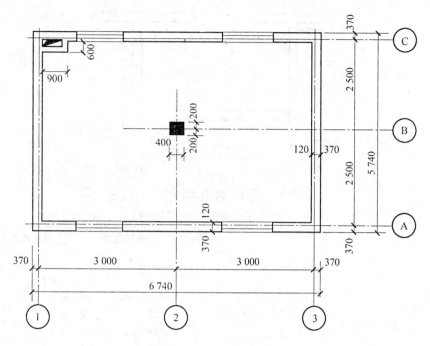

图 3.3 房间平面图

表 3.4 橡塑面层(编码:020103)

项目编码	项目名称	项目特征	计量单位	工程量计算规则	工程内容
020103001	橡胶板楼地面	1.找平层厚度、砂浆配合比	m²	按设计图示尺寸以面积计算。门洞、空卷、暖气包槽、壁龛的开口部分并入相应的工程量内	1.基层清理抹找平层
020103002	橡胶卷材楼地面	2.填充材料种类、厚度 3.黏结层厚度、材料种类			2.铺设填充层 3.面层铺贴
020103003	塑料板楼地面	4.面层材料品种、规格、品牌、颜色			4.压缝条装钉 5.材料运输
020103004	塑料卷材楼地面	5.压线条种类			

(2)工程量计算示例。

【例3.4】 图 3.4 为某台阶,计算橡胶板面层工程量。

【解】 根据橡塑面层清单工程量计算规则,此橡胶板面层清单工程量为:

台阶橡胶板面层工程量/m²:(4.4+0.3×2)×0.3×3+(3.6-0.3)×0.3×3=4.5+2.97=7.47

平台贴橡胶板面层工程量/m²:(4.4-0.3)×(3.6-0.3)=13.53

4.其他材料面层工程量计算

(1)工程量清单项目设置及工程量计算规则。工程量清单项目设置及工程量计算规则,见表3.5。

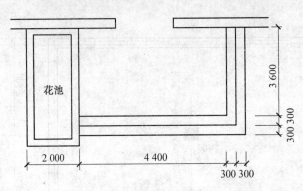

图 3.4　某台阶示意图(单位:mm)

表 3.5　其他面层(编码:020104)

项目编码	项目名称	项目特征	计量单位	工程量计算规则	工程内容
020104001	楼地面地毯	1.找平层厚度、砂浆配合比 2.填充材料种类、厚度 3.面层材料品种、规格、品牌、颜色 4.防护材料种类 5.黏结材料种类 6.压线条种类	m²	按设计图示尺寸以面积计算。门洞、空圈、暖气包槽、壁龛的开口部分并入相应的工程量内	1.基层清理、抹找平层 2.铺设填充层 3.铺贴面层 4.刷防护材料 5.装钉压条 6.材料运输
020104002	竹木地板	1.找平层厚度、砂浆配合比 2.填充材料种类、厚度、找平层厚度、砂浆配合比 3.龙骨材料种类、规格、铺设间距 4.基层材料种类、规格 5.面层材料品种、规格、品牌、颜色 6.黏结材料种类 7.防护材料种类 8.油漆品种、刷漆遍数	m²	按设计图示尺寸以面积计算。门洞、空圈、暖气包槽、壁龛的开口部分并入相应的工程量内	1.基层清理、抹找平层 2.铺设填充层 3.龙骨铺设 4.铺设基层 5.面层铺贴 6.刷防护材料 7.材料运输
020104003	防静电活动地板	1.找平层厚度、砂浆配合比 2.填充材料种类、厚度,找平层厚度、砂浆配合比 3.支架高度、材料种类 4.面层材料品种、规格、品牌、颜色 5.防护材料种类	m²	按设计图示尺寸以面积计算。门洞、空圈、暖气包槽、壁龛的开口部分并入相应的工程量内	1.基层清理、抹找平层 2.铺设填充层 3.固定支架安装 4.活动面层安装 5.刷防护材料 6.材料运输

续表3.5

项目编码	项目名称	项目特征	计量单位	工程量计算规则	工程内容
020104004	金属复合地板	1.找平层厚度、砂浆配合比 2.填充材料种类、厚度、找平层厚度、砂浆配合比 3.龙骨材料种类、规格、铺设间距 4.基层材料种类、规格 5.面层材料品种、规格、品牌 6.防护材料种类	m^2	按设计图示尺寸以面积计算。门洞、空圈、暖气包槽、壁龛的开口部分并入相应的工程量内	1.基层清理、抹找平层 2.铺设填充层 3.龙骨铺设 4.基层铺设 5.面层铺贴 6.刷防护材料 7.材料运输

（2）工程量计算示例。

【例3.5】 已知某健身房地面铺木地板。具体做法为：用30 mm×40 mm木龙骨，中距（双向）450 mm×450 mm，用20 mm×80 mm松木毛地板45°斜铺，板间留2 mm缝宽；上铺50 mm×20 mm企口地板。房间面积为35 m×65 m，门洞开口部分为1.7 m×0.12 m两处。试计算此木地板工程清单工程量。

【解】根据其他面层清单工程量计算规则，该木地板工程清单工程量/m^2：35×65+1.7×0.12×2＝2 275.41

5.踢脚线工程量计算

（1）工程量清单项目设置及工程量计算规则。工程量清单项目设置及工程量计算规则，见表3.6。

表3.6　踢脚线（编码:020105）

项目编码	项目名称	项目特征	计量单位	工程量计算规则	工程内容
020105001	水泥砂浆踢脚线	1.踢脚线高度 2.底层厚度、砂浆配合比 3.面层厚度、砂浆配合比	m^2	按设计图示长度乘以高度以面积计算	1.基层清理 2.底层抹灰 3.面层铺贴 4.勾缝 5.磨光、酸洗、打蜡 6.刷防护材料 7.材料运输
020105002	石材踢脚线	1.踢脚线高度			
020105003	块料踢脚线	2.底层厚度、砂浆配合比 3.粘贴层厚度、材料种类 4.面层材料品种、规格、品牌、颜色 5.勾缝材料种类 6.防护材料种类			

续表3.6

项目编码	项目名称	项目特征	计量单位	工程量计算规则	工程内容
020105004	现浇水磨石踢脚线	1. 踢脚线高度 2. 底层厚度、砂浆配合比 3. 面层厚度、水泥石子浆配合比 4. 石子种类、规格、颜色 5. 颜料种类、颜色 6. 磨光、酸洗、打蜡要求	m²	按设计图示长度乘以高度以面积计算	1. 基层清理 2. 底层抹灰 3. 基层铺贴 4. 面层铺贴 5. 刷防护材料 6. 刷油漆 7. 材料运输
020105005	塑料板踢脚线	1. 踢脚线高度 2. 底层厚度、砂浆配合比 3. 黏结层厚度、材料种类 4. 面层材料种类、规格、品牌、颜色			
020105006	木质踢脚线	1. 踢脚线高度 2. 底层厚度、砂浆配合比 3. 基层材料种类 4. 面层材料品种、规格、品牌、颜色 5. 防护材料种类 6. 油漆品种、刷漆遍数			
020105007	金属踢脚线				
020105008	防静电踢脚线				

（2）工程量计算示例。

【例3.6】　已知某房屋平面如图3.5所示，室内水泥砂浆粘贴160 mm 高石材踢脚板。请计算工程量并编制工程量清单。

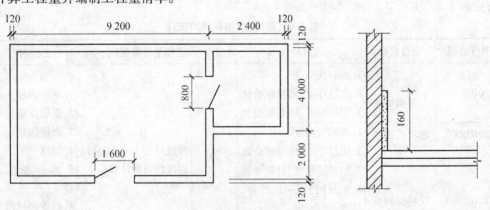

图3.5　某房屋平面

【解】　根据清单工程量计算规则，石材踢脚线工程量，计算公式为

$$踢脚线工程量 = 踢脚线净长度 \times 高度$$

（1）踢脚线工程量/m²：$[(9.20-0.24+6.00-0.24)\times2+(4.00-0.24+2.40-0.24)\times2-1.60-0.80\times2+0.12\times6]\times0.16=6.21$

（2）工程量清单见表 3.7。

表 3.7　分部分项工程量清单

序号	项目编号	项目名称	项目特征描述	计量单位	工程数量
1	020105002001	石材踢脚线	1. 踢脚线:高度 160 mm 2. 粘贴层:水泥砂浆	m²	6.21

【例 3.7】　如图 3.6 所示为某工程底层平面图,已知地面为水磨石面层,踢脚线为 150 mm 高水磨石,计算水磨石地面工程量和水磨石踢脚线工程量。

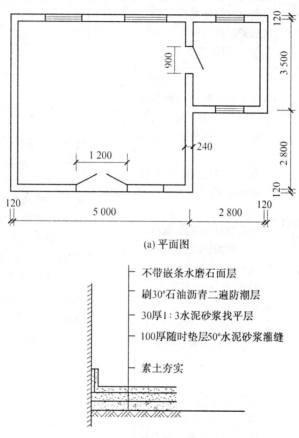

(a) 平面图

(b) 地面构造示意图

图 3.6　某工程地面

【解】

（1）水磨石地面工程量/m²:

$$(5.0-0.24)\times(6.3-0.24)+(2.8-0.24)\times(3.5-0.24)=37.19$$

（2）水磨石踢脚线工程量/m²:

$$(6.3-0.24+5.0-0.24)\times2+(2.8-0.24+3.5-0.24)\times2=33.28$$

6. 楼梯装饰工程量计算

（1）工程量清单项目设置及工程量计算规则。工程量清单项目设置及工程量计算规则,见表3.8。

表3.8　楼梯装饰(编码:020106)

项目编码	项目名称	项目特征	计量单位	工程量计算规则	工程内容
020106001	石材楼梯面层	1. 找平层厚度,砂浆配合比 2. 贴结层厚度,材料种类 3. 面层材料品种,规格,品牌,颜色			1. 基层清理 2. 抹找平层 3. 面层铺贴 4. 贴嵌防滑条
020106002	块料楼梯面层	4. 防滑条材料种类、规格 5. 勾缝材料种类 6. 防护层材料种类 7. 酸洗、打蜡要求			5. 勾缝 6. 刷防护材料 7. 酸洗、打蜡 8. 材料运输
020106003	水泥砂浆楼梯面	1. 找平层厚度、砂浆配合比 2. 面层厚度、砂浆配合比 3. 防滑条材料种类、规格	m²	按设计图示尺寸以楼梯(包括踏步、休息平台及500 mm以内的楼梯井)水平投影面积计算。楼梯与楼地面相连时,算至楼口梁内侧边沿;无梯口梁者,算至最上一层踏步边沿加300 mm	1. 基层清理 2. 抹找平层 3. 抹面层 4. 抹防滑条 5. 材料运输
020106004	现浇水磨石楼梯面	1. 找平层厚度、砂浆配合比 2. 面层厚度、水泥石子浆配合比 3. 防滑条材料种类、规格 4. 石子种类、规格、颜色 5. 颜料种类、颜色 6. 磨光、酸洗、打蜡要求			1. 基层清理 2. 抹找平层 3. 抹面层 4. 贴嵌防滑条 5. 磨光、酸洗、打蜡 6. 材料运输
020106005	地毯楼梯面	1. 基层种类 2. 找平层厚度、砂浆配合比 3. 面层材料品种、规格、品牌、颜色 4. 防护材料种类 5. 黏结材料种类 6. 固定配件材料种类、规格			1. 基层清理 2. 抹找平层 3. 铺贴面层 4. 固定配件安装 5. 刷防护材料 6. 材料运输
020106006	木板楼梯面	1. 找平层厚度、砂浆配合比 2. 基层材料种类、规格 3. 面层材料品种、规格、品牌、颜色 4. 黏结材料种类 5. 防护材料种类 6. 油漆品种、刷漆遍数			1. 基层清理 2. 抹找平层 3. 基层铺贴 4. 面层铺贴 5. 刷防护材料、油漆 6. 材料运输

(2)工程量计算示例。

【例3.8】　根据图3.7,计算一层水泥砂浆楼梯面层工程量。

【解】　根据清单工程量计算规则,楼梯面层(包括踏步、平台以及小于500 mm宽的楼

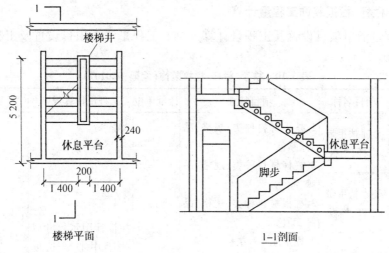

图 3.7 楼梯示意

梯井)按水平投影面积计算。

（1）水泥砂浆楼梯面层工程量：

工程量/m^2：$(1.40 \times 2 + 0.20 - 0.24) \times (5.2 - 0.12) = 2.76 \times 5.08 = 14.02$

（2）工程量清单见表 3.9。

表 3.9 分部分项工程量清单

序号	项目编号	项目名称	项目特征描述	计量单位	工程数量
1	020106003001	水泥砂浆楼梯面	面层：水泥砂浆	m^2	14.02

【例 3.9】 如图 3.10 所示，计算某现浇钢筋混凝土水磨石楼梯面层工程量。

【解】 根据清单工程量计算规则，水磨石楼梯面层工程量/m^2：$(2.4 - 0.24) \times (2.34 + 1.54 - 0.24) = 2.16 \times 3.64 = 7.86$

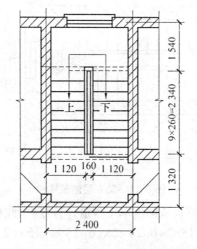

图 3.10 现浇钢筋混凝土楼梯示意图

7. 扶手、栏杆、栏板装饰工程量计算

（1）工程量清单项目设置及工程量计算规则。工程量清单项目设置及工程量计算规则，见表 3.10。

表 3.10　扶手、栏杆、栏板装饰（编码：020107）

项目编码	项目名称	项目特征	计量单位	工程量计算规则	工程内容
020107001	金属扶手带栏杆、栏板	1. 扶手材料种类、规格、品牌、颜色 2. 栏杆材料种类、规格、品牌、颜色 3. 栏板材料种类、规格、品牌、颜色 4. 固定配年种类 5. 防护材料种类 6. 油漆品种、刷漆遍数	m	按设计图示尺寸以扶手中心线长度（包括弯头长度）计算	1. 制作 2. 运输 3. 安装 4. 刷防护材料 5. 刷油漆
020107002	硬木扶手带栏杆、栏板				
020107003	塑料扶手带栏杆、栏板				
020107004	金属靠墙扶手	1. 扶手材料种类、规格、品牌、颜色 2. 固定配件种类 3. 防护材料种类 4. 油漆品种、刷漆遍数			
020107005	硬木靠墙扶手				
020107006	塑料靠墙扶手				

（2）工程量计算示例。

【例 3.10】　某 6 层建筑楼梯，如图 3.11 所示，做不锈钢管直线型栏杆扶手，试计算栏杆扶手清单工程量（栏杆扶手伸入平台 150 mm）。

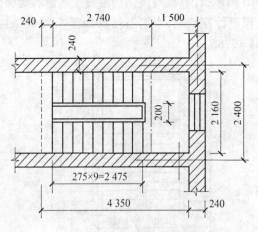

图 3.11　某 6 层建筑楼梯

【解】　根据扶手、栏杆、栏板装饰清单工程量计算规则，此栏杆、扶手清单工程量为

工程量/m：$(0.275×9+0.15×2+0.2)×2×(6-1)×1.15+(2.4-0.24-0.2)/2=(2.475+0.3+0.2)×2×5×1.15+0.98=35.1925$

8.台阶装饰工程量计算

（1）工程量清单项目设置及工程量计算规则。工程量清单项目设置及工程量计算规则,见表 3.11。

表 3.11　台阶装饰(编码:020108)

项目编码	项目名称	项目特征	计量单位	工程量计算规则	工程内容
020108001	石材台阶面	1. 垫层材料种类、厚度 2. 找平层厚度、砂浆配合比 3. 黏结层材料种类 4. 面层材料品种、规格、品牌、颜色 5. 勾缝材料种类 6. 防滑条材料种类、规格 7. 防护材料种类	m²	按设计图示尺寸以台阶(包括最上层踏步边沿边300 mm)水平投影面积设计	1. 基层清理 2. 铺设垫层 3. 抹找平层 4. 面层铺贴 5. 贴嵌防滑条 6. 勾缝 7. 刷防护材料 8. 材料运输
020108002	块料台阶面				
020108003	水泥砂浆台阶面	1. 垫层材料种类、厚度 2. 找平层厚度、砂浆配合比 3. 面层厚度、砂浆配合比 4. 防滑条材料种类			1. 基层清理 2. 铺设垫层 3. 抹找平层 4. 抹面层 5. 抹防滑条 6. 材料运输
020108004	现浇水磨石台阶面	1. 垫层材料种类、厚度 2. 找平层厚度、砂浆配合比 3. 面层厚度、水泥石子浆配合比 4. 防滑条材料种类、规格 5. 石子种类、规格、颜色 6. 颜料种类、颜色 7. 磨光、酸洗、打蜡要求			1. 基层清理 2. 铺设垫层 3. 抹找平层 4. 抹面层 5. 贴嵌防滑条 6. 打磨、酸洗、打蜡 7. 材料运输
020108005	剁假石台阶面	1. 垫层材料种类、厚度 2. 找平层厚度、砂浆配合比 3. 面层厚度、砂浆配合比 4. 剁假石要求			1. 基层清理 2. 铺设垫层 3. 抹找平层 5. 剁假石 6. 材料运输

（2）工程量计算示例。

【例 3.11】　某校招待所门前台阶如图 3.12 所示,试计算镶贴彩釉砖面层的工程量。

【解】

（1）门前平台和踏步投影面积: $S_1 / m^2 = (5.0+0.4 \times 2) \times (4.0+0.4 \times 2) = 5.8 \times 4.8 = 27.84$

（2）门前平台投影面积: $S_2 / m^2 = (5.0-0.4) \times (4.0-0.4) = 4.6 \times 3.6 = 16.56$

（3）台阶面层工程量: $S / m^2 = S_1 - S_2 = 27.84 - 16.56 = 11.28$

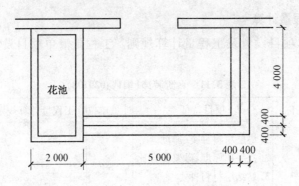

图 3.12　门前台阶示意图

9. 零星装饰项目工程量计算

（1）工程量清单项目设置及工程量计算规则。工程量清单项目设置及工程量计算规则，见表 3.12。

表 3.12　零星装饰项目（编码：020109）

项目编码	项目名称	项目特征	计量单位	工程量计算规则	工程内容
020109001	石材零星项目	1. 工程部位 2. 找平层厚度、砂浆配合比 3. 贴结合层厚度、材料种类 4. 面层材料品种、规格、品牌、颜色 5. 勾缝材料种类 6. 防护材料种类 7. 酸洗、打蜡要求	m²	按设计图示尺寸以面积计算	1. 基层清理 2. 抹找平层 3. 面层铺贴 4. 勾缝 5. 刷防护材料 6. 酸洗、打蜡 7. 材料运输
020109002	碎拼石材零星项目				
020109003	块数零星项目				
020109004	水泥砂浆零星项目	1. 工程部位 2. 找平层厚度、砂浆配合比 3. 面层厚度、砂浆厚度			1. 基层清理 2. 抹找平层 3. 抹面层 4. 材料运输

（2）工程量计算示例。

【例 3.12】　某花岗石台阶如图 3.13 所示，台阶及翼墙用 1∶2.5 水泥砂浆粘贴花岗石板（翼墙外侧不粘贴）。请计算此花岗石阶工程清单工程量。

【解】　根据台阶零星装饰工程清单工程量计算规则，此花岗石阶工程清单工程量为：

（1）石材台阶面工程量/m²：$4.5 \times 0.35 \times 4 = 6.3$

（2）零星项目工程量/m²：$0.3 \times (1.05 + 0.3 + 0.15 \times 4) \times 2 + (0.35 \times 3) \times (0.15 \times 4) = 0.35 \times 1.985 \times 2 + 1.05 \times 0.6 = 1.365 + 0.63 = 2.0$

3.1.3　楼地面工程基础定额与消耗量定额工程量计算规则

1. 基础定额说明及工程量计算规则

（1）基础定额说明。按《全国统一建筑工程基础定额》执行的项目，其定额如下：

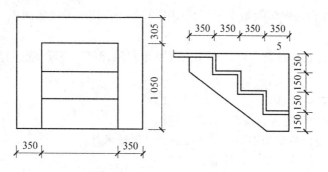

图 3.13　某花岗石台阶(单位:mm)

1)本章水泥砂浆、水泥石子浆、混凝土等的配合比,如设计规定与定额不同时,可以换算。

2)整体面层、块料面层中的楼地面项目,均不包括踢脚板工料;楼梯不包括踢脚板、侧面及板底抹灰,另按相应定额项目计算。

3)踢脚板高度是按 150 mm 编制的。超过时材料用量可以调整,人工、机械用量不变。

4)菱苦土地面、现浇水磨石定额项目已包括酸洗打蜡工料,其余项目均不包括酸洗打蜡。

5)扶手、栏杆、栏板适用于楼梯、走廊、回廊及其他装饰性栏杆、栏板。扶手不包括弯头制作和安装,另按弯头单项定额计算。

6)台阶不包括牵边、侧面装饰。

7)定额中的"零星装饰"项目,适用于小便池、蹲位、池槽等。本定额未列的项目,可按墙、柱面中相应项目计算。

8)木地板中的硬、杉、松木板,是按毛料厚度 25 mm 编制的,设计厚度与定额厚度不同时,可以换算。

9)地面伸缩缝按第九章相应项目及规定计算。

10)碎石、砾石灌沥青垫层按第十章相应项目计算。

11)钢筋混凝土垫层按混凝土垫层项目执行,其钢筋部分按本章相应项目及规定计算。

12)各种明沟平均净空断面(深×宽)均是按 190 mm×260 mm 计算的,断面不同时允许换算。

(2)基础定额工程量计算规则。按《全国统一建筑工程基础定额》执行的项目,其工程量计算规则如下:

1)地面垫层按室内主墙间净空面积乘以设计厚度以立方米计算。应扣除凸出地面的构筑物、设备基础、室内管道、地沟等所占体积,不扣除柱、垛、间壁墙、附墙烟囱及面积在 0.3 m² 以内孔洞所占体积。

2)整体面层、找平层均按主墙间净空面积以平方米计算。应扣除凸出地面构筑物、设备基础、室内管道、地沟等所占面积,不扣除柱、垛、间壁墙、附墙烟囱及面积在 0.3 m² 以内的孔洞所占面积,但门洞、空圈、暖气包槽、壁龛的开口部分亦不增加。

3)块料面层,按图示尺寸实铺面积以平方米计算,门洞、空圈、暖气包槽和壁龛的开口部分的工程量并入相应的面层内计算。

4)楼梯面层(包括踏步、平台以及小于 500 mm 宽的楼梯井)按水平投影面积计算。

5)台阶面层(包括踏步及最上一层踏步沿 300 mm)按水平投影面积计算。

6)其他。

①踢脚板按延长米计算,洞口、空圈长度不予扣除,洞口、空圈、垛、附墙烟囱等侧壁长度亦不增加。

②散水、防滑坡道按图示尺寸以平方米计算。

③栏杆、扶手包括弯头长度按延长米计算。

④防滑条按楼梯踏步两端距离减 300 mm 以延长米计算。

⑤明沟按图示尺寸以延长米计算。

2. 消耗量定额说明及工程量计算规则

(1)消耗量定额说明。按《全国统一建筑装饰装修工程消耗量定额》执行的项目,其定额说明如下:

1)同一铺贴面上有不同种类、材质的材料,应分别执行相应定额子目。

2)扶手、栏杆、栏板适用于楼梯、走廊、回廊及其他装饰性栏杆、栏板。

3)零星项目面层适用于楼梯侧面、台阶的牵边、小便池、蹲便台、池槽在 1 m² 以内且定额未列项目的工程。

4)木地板填充材料,按照《全国统一建筑工程基础定额》相应子目执行。

5)大理石、花岗岩楼地面拼花按成品考虑。

6)镶贴面积小于 0.015 m² 的石材执行点缀定额。

(2)消耗量定额工程量计算规则。按《全国统一建筑装饰装修工程消耗量定额》执行的项目,其工程量计算规则如下:

1)楼地面装饰面积按装饰面的净面积计算,不扣除 0.1 m² 以内的孔洞所占面积;拼花部分按实贴面积计算。

2)楼梯面积(包括踏步、休息平台以及小于 50 mm 宽的楼梯井)按水平投影面积计算。

3)台阶面层(包括踏步以及上一层踏步沿 300 mm)按水平投影面积计算。

4)踢脚线按实贴长乘高以平方米计算,成品踢脚线按实贴延长米计算;楼梯踢脚线按相应定额乘以系数 1.15。

5)点缀按个计算,计算主体铺贴地面面积时,不扣除定额所占面积。

6)零星项目按实铺面积计算。

7)栏杆、栏板、扶手均按其中心线长度以延长米计算,计算扶手时不扣除弯头所占长度。

8)弯头按个计算。

9)石材底面刷养护液按底面面积加 4 个侧面面积,以平方米计算。

3.1.4 楼地面工程工程量清单计价综合实例

【例 3.13】 如图 3.14 所示的地面做法为:清理基层,刷素水泥浆,1∶3 水泥沙浆粘贴米黄色 600 mm×600 mm 瓷砖,镶嵌 100 mm×100 mm 金沙黑花岗岩点缀,编制其工程量清单计价表。

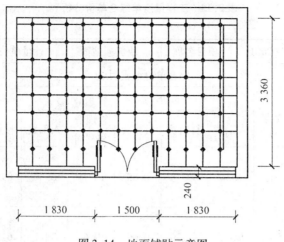

图 3.14　地面铺贴示意图

【解】

(1)清单工程量/m²:

$$5.16 \times 3.36 + 0.24 \times 1.5 = 17.70$$

(2)消耗量定额工程量/m²:

1)依据消耗量定额计算规则,计算工程量:

①铺贴米黄色 600 mm×600 mm 瓷砖/m²:

$$5.16 \times 3.36 + 0.24 \times 1.5 = 17.70$$

②100 mm×100 mm 金沙黑花岗岩点缀/个:

$$8 \times 12 = 96$$

2)分别计算清单项目每计量单位应包含的各项工程内容的工程数量:

①铺贴米黄色 600 mm×600 mm 瓷砖/m²:

$$17.70/17.70 = 1$$

②100 mm×100 mm 金沙黑花岗岩点缀/个:

$$96 \div 17.70 = 5.42$$

(3)编制工程量清单综合单价分析表。根据企业情况确定管理费率 170%,利润率 110%,计费基础为人工费。工程量清单综合单价分析表见表 3.13。

表 3.13 工程量清单综合单价分析表

工程名称:地面铺贴工程　　　　　　　标段:　　　　　　　　　　第　页　共　页

项目编码	020102002001	项目名称	块料楼地面	计量单位	m²

综合单价组成明细

定额编号	定额名称	定额单位	数量	单价/元				合价/元			
				人工费	材料费	机械费	管理费和利润	人工费	材料费	机械费	管理费和利润
2-162	陶瓷地砖铺贴	m²	1	6.34	89.78	0.65	17.75	6.34	89.78	0.65	17.75
1-013	花岗岩楼地面点缀	个	5.42	7.03	11.36	0.66	19.68	38.1	61.57	3.58	106.67
人工单价			小　计					44.44	151.35	4.23	124.42
25 元/工日			未计价材料费					—			
清单项目综合单价								324.44			

注:1. 如不使用省级或行业建设主管部门发布的计价依据,可不填定额项目、编号等。

2. 招标文件提供了暂估单价的材料,按暂估的单价填入表内"暂估单价"栏及"暂估合价"栏。

(4)编制分部分项工程量清单与计价表见表 3.14。

表 3.14 分部分项工程量清单与计价表

工程名称:地面铺贴工程　　　　　　　标段:　　　　　　　　　　第　页　共　页

项目编号	项目名称	项目特征描述	计量单位	工程数量	金额/元		
					综合单价	合价	其中:暂估价
020102002001	块料楼地面	1. 面层材料品种、规格、颜色:米黄色 600 mm×600 mm 瓷砖、100 mm×100 mm 金沙黑花岗岩点缀 2. 结合层材料种类:水泥砂浆 1:3	m²	17.70	324.44	5 742.59	
合计						5 742.59	

【例 3.14】　如图 3.15 所示,某舞厅地面圆舞池铺贴 600 mm×600 mm 花岗岩板,石材表面刷保护液,舞池中心及条带铺贴 8 mm 厚 600 mm×600 mm 单层钢化镭射玻璃砖,圆舞池以外地面铺贴带胶垫羊毛地毯,编制此舞厅地面工程工程量清单计价表。

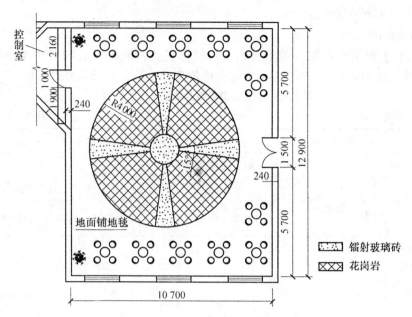

图 3.15　某舞厅地面铺贴

【解】　（1）清单工程量。

1）钢化镭射玻璃砖清单工程量/m²：

$3.14×0.75^2+(15/360)×3.14×(4^2-0.75^2)=1.77+2.02=3.79$

2）花岗岩楼地面清单工程量/m²：

$3.14×4^2-3.79=50.24-3.79=46.45$

3）楼地面地毯清单工程量/m²：

$12.9×10.7+0.12×(1.5+1)-3.14×4^2=138.03+0.3-50.24=88.09$

（2）消耗量定额工程量。

1）依据消耗量定额计算规则,计算工程量：

①单层钢化镭射玻璃砖粘贴/m²：

$3.14×0.75^2+(15/360)×3.14×(4^2-0.75^2)=1.77+2.02=3.9$

②花岗岩板铺贴/m²：

$3.14×4^2-3.79=50.24-3.79=46.45$

③石材表面刷保护液/m²:46.45

④楼地面羊毛地毯铺贴/m²：

$12.9×10.7+0.12×(1.5+1)-3.14×4^2=138.03+0.3-50.24=88.09$

2）计算清单项目每计量单位应包含的各项工程内容的工程数量：

①镭射玻璃砖/个：

$3.79÷3.79=1$

②铺贴米黄色600 mm×600 mm花岗岩板/个：

$46.45÷46.45=1$

③石材表面刷保护液/个：

$46.45÷46.45=1$

④楼地面羊毛地毯铺贴/个：

88.09÷88.09=1

（3）编制工程量清单综合单价分析表。根据企业情况确定管理费率170%，利润率110%，计费基础为人工费。工程量清单综合单价分析表见表3.15~3.17。

表3.15　工程量清单综合单价分析表（一）

工程名称：地面铺贴工程　　　　　　　　标段：　　　　　　　　第　页　共　页

项目编码	020102002001	项目名称	块料楼地面	计量单位	m²

综合单价组成明细

定额编号	定额名称	定额单位	数量	单价/元				合价/元			
				人工费	材料费	机械费	管理费和利润	人工费	材料费	机械费	管理费和利润
1-074	铺贴镭射玻璃砖	m²	1	9.00	298	—	25.2	9.00	298	—	25.2
人工单价			小　计					9.00	298	—	25.2
25元/工日			未计价材料费					—			
清单项目综合单价								332.2			

表3.16　工程量清单综合单价分析表（二）

工程名称：地面铺贴工程　　　　　　　　标段：　　　　　　　　第　页　共　页

项目编码	020102002001	项目名称	石材楼地面	计量单位	m²

综合单价组成明细

定额编号	定额名称	定额单位	数量	单价/元				合价/元			
				人工费	材料费	机械费	管理费和利润	人工费	材料费	机械费	管理费和利润
1-008	600 mmx 600 mm 花岗岩板铺贴	m²	1	6.33	218	0.55	17.72	6.33	218	0.55	17.72
1-055	石材表面刷保护液	m²	1	1.25	21	—	3.5	1.25	21	—	3.5
人工单价			小　计					7.58	239	0.55	21.22
25元/工日			未计价材料费					—			
清单项目综合单价								268.35			

表 3.17　工程量清单综合单价分析表(三)

工程名称:地面铺贴工程　　　　　　　　标段:　　　　　　　　第　页　共　页

项目编码	020104001001	项目名称	楼地面地毯	计量单位	m²

综合单价组成明细

定额编号	定额名称	定额单位	数量	单价/元				合价/元			
				人工费	材料费	机械费	管理费和利润	人工费	材料费	机械费	管理费和利润
1-119	羊毛地毯铺贴	m²	1	16.18	255	—	45.3	16.18	255	—	45.3
人工单价			小　　计					16.18	255	—	45.3
25 元/工日			未计价材料费					—			
清单项目综合单价								316.48			

(4)编制分部分项工程量清单与计价表,见表 3.18。

表 3.18　分部分项工程量清单与计价表

工程名称:地面铺贴工程　　　　　　　　标段:　　　　　　　　第　页　共　页

项目编号	项目名称	项目特征描述	计量单位	工程数量	金额/元		
					综合单价	合价	其中:暂估价
020102002001	块料楼地面	1. 面层材料品种、规格:8 mm 厚 600 mm×600 mm 单层钢化镭射玻璃砖 2. 黏结层材料种类:玻璃胶	m²	3.79	332.2	1 259.04	
020102001001	石材楼地面	1. 面层材料品种、规格:600 mm×600 mm 花岗岩板 2. 结合层材料种类:黏结层水泥砂浆 1:3 3. 酸洗、打蜡要求:石材表面刷保护液	m²	46.45	268.35	12 464.86	
020104001001	楼地面地毯	1. 面层材料品种、规格:羊毛地毯 2. 黏结材料种类:地毯胶垫固定安装	m²	88.09	316.48	27 878.72	
合计						41 602.62	

3.2　墙、柱面工程

3.2.1　墙、柱面工程清单工程量计算相关说明

1. 墙、柱面工程量清单项目的划分与编码

(1)清单项目的划分。墙、柱面工程清单项目划分见表3.19。

表3.19　墙、柱面工程清单项目划分

项　目	分　类
墙面抹灰	墙面一般抹灰、装饰抹灰、墙面勾缝
柱面抹灰	柱面一般抹灰、装饰抹灰、柱面勾缝
零星抹灰	零星一般抹灰、装饰抹灰
墙面镶贴块料	石材、碎拼石材、块料墙面、干挂石材钢骨架
柱面镶贴块料	石材、碎拼石材、块料柱面、石材、块料梁面
零星镶贴块料	石材、碎拼石材、块料零星项目
墙饰面	装饰板墙面
柱(梁)饰面	—
隔断	—
幕墙	带骨架幕墙、全玻璃幕墙

(2)清单项目的编码。一级编码02;二级编码02(清单计价规范第二章,墙、柱面工程);三级编码从01~10(从墙面抹灰至幕墙共10个项目);四级编码自001始,根据各分部不同的清单项目分别编码列项;同一个工程中的墙面若采用一般抹灰,所用的砂浆种类,既有水泥砂浆,又有混合砂浆,则第五级编码应分别设置。

2. 清单工程量有关问题说明

(1)有关项目列项问题说明。

1)一般抹灰包括石灰砂浆、水泥混合砂浆、水泥砂浆、聚合物水泥砂浆、膨胀珍珠岩水泥砂浆和麻刀灰、纸筋石灰及石膏灰等。

2)装饰抹灰包括水刷石、水磨石、斩假石(剁斧石)、干黏石、假面砖、拉条灰、拉毛灰、甩毛灰、扒拉石、喷毛石、喷涂、喷砂、滚涂、弹涂等。

3)柱面抹灰项目、石材柱面项目、块料柱面项目适用于矩形柱、异形柱(包括圆形柱与半圆形柱等)。

4)零星抹灰和零星镶贴块料面层项目适用于小面积(0.5 m² 以内)少量分散的抹灰和块料面层。

5)设置于隔断、幕墙上的门窗,可包括在隔墙、幕墙项目报价内,也可单独编码列项,并在清单项目中描述。

6)主墙的界定以《建设工程工程量清单计价规范》附录A"建筑工程工程量清单项目及

计算规则"解释为准。

（2）有关项目特征说明。

1）墙体类型指砖墙、石墙、混凝土墙、砖块墙以及内墙、外墙等。

2）底层、面层的厚度应根据设计规定（一般采用标准设计图）确定。

3）勾缝类型指清水砖墙、砖柱的加浆勾缝（平缝或凹缝），石墙、石柱的勾缝（如平缝、平凹缝、平凸缝、半圆凹缝、半圆凸缝和三角凸缝等）。

4）块料饰面板指石材饰面板（天然花岗石、大理石、人造花岗石、人造大理石、预制水磨石饰面板等），陶瓷面砖（内墙采釉面瓷砖、外墙面砖、陶瓷锦砖、大型陶瓷锦面板等），玻璃面砖（玻璃锦砖、玻璃面砖等），金属饰面板（彩色涂色钢板、彩色不锈钢板、镜面不锈钢饰面板、铝合金板、复合铝板、铝塑板等），塑料饰面板（聚氯乙烯塑料饰面板、玻璃钢饰面板、塑料贴面饰面板、聚酯装饰板、复塑中密度纤维板等），木质饰面板（胶合板、硬质纤维板、细木工板、刨花板、建筑纸面草板、水泥木屑板、灰板条等）。

5）挂贴方式是对大规格的石材（大理石、花岗石、青石等）使用先挂后灌浆的方式将其固定于墙、柱面。

6）干挂方式即为直接干挂法，它是指通过不锈钢膨胀螺栓、不锈钢挂件、不锈钢连接件、不锈钢钢针等，将外墙饰面板连接于外墙墙面；间接干挂法是通过固定在墙、柱、梁上的龙骨，再通过各种挂件固定外墙饰面板。

7）嵌缝材料指嵌缝砂浆、嵌缝油膏及密封材料等。

8）防护材料指石材等防碱背涂处理剂和面层防酸涂剂等。

9）基层材料指面层内的底板材料，如木墙裙、木护墙、木板隔墙等，在龙骨上粘贴或铺钉一层加强面层的底板。

（3）有关工程量计算说明。

1）墙面抹灰不扣除与构件交接处的面积，指墙与梁的交接处所占面积，不包括墙与楼板的交接。

2）外墙裙抹灰面积按其长度乘以高度计算，是指按外墙裙的长度。

3）柱的一般抹灰与装饰抹灰及勾缝，以柱断面周长乘以高度计算，柱断面周长是指断面周长。

4）装饰板柱（梁）面按设计图示外围饰面尺寸以面积计算。外围饰面尺寸是饰面的表面尺寸。

5）带肋全玻璃幕墙是指玻璃幕墙带玻璃肋，玻璃肋的工程量应合并于玻璃幕墙工程量内计算。

（4）有关工程内容说明。

1）"抹面层"指一般抹灰的普通抹灰（一层底层和一层面层或不分层一遍成活）、中级抹灰（一层底层、一层中层和一层面层或一层底层、一层面层）、高级抹灰（一层底层、数层中层和一层面层）的面层。

2）"抹装饰面"指装饰抹灰（抹底灰、涂刷 108 胶溶液、刮或刷水泥浆液、抹中层、抹装饰面层）的面层。

3.2.2 墙、柱面工程工程量清单项目设置及工程量计算

1. 墙、柱面抹灰及零星抹灰工程量计算

(1)工程量清单项目设置及工程量计算规则。

1)墙面抹灰。工程量清单项目设置及工程量计算规则,见表 3.20。

表 3.20 墙面抹灰(编码:020201)

项目编码	项目名称	项目特征	计量单位	工程量计算规则	工程内容
020201001	墙面一般抹灰	1.墙体类型 2.底层厚度、砂浆配合比 3.面层厚度、砂浆配合比 4.装饰面材料种类 5.分格缝宽度、材料种类	m²	按设计图示尺寸以面积计算。扣除墙裙、门窗洞口及单个 0.3 m² 以外的孔洞面积,不扣除踢脚线、挂镜线和墙与构件交接处的面积,门窗洞口和孔洞的侧壁及顶面不增加面积。附墙柱、梁、垛、烟囱侧壁并入相应的墙面面积内 1.外墙抹灰面积按外墙垂直投影面积计算 2.外墙裙抹灰面积按其长度乘以高度计算 3.内墙抹灰面积按主墙间的净长乘以高度计算 (1)无墙裙的,高度按室内楼地面至天棚底面计算 (2)有墙裙的,高度按墙裙顶至天棚底面计算 4.内墙裙抹灰面按内墙净长乘以高度计算	1.基层清理 2.砂浆制作、运输 3.底层抹灰 4.抹面层 5.抹装饰面 6.勾分格缝
020201002	墙面装饰抹灰				
020201003	墙面勾缝	1.墙体类型 2.勾缝类型 3.勾缝材料种类			1.基层清理 2.砂浆制作、运输 3.勾缝

2)柱面抹灰。工程量清单项目设置及工程量计算规则,见表 3.21。

表 3.21 柱面抹灰(编码:020202)

项目编码	项目名称	项目特征	计量单位	工程量计算规则	工程内容
020202001	柱面一般抹灰	1.柱面类型 2.底层厚度、砂浆配合比 3.面层厚度、砂浆配合比 4.装饰面材料种类 5.分格缝宽度、材料种类	m²	按设计图示柱断面周长乘以高度以面积计算	1.基层清理 2.砂浆制作、运输 3.底层抹灰 4.抹面层 5.抹装饰面 6.勾分格缝
020202002	柱面装饰抹灰				
020202003	柱面勾缝	1.墙体类型 2.勾缝类型 3.勾缝材料种类			1.基层清理 2.砂浆制作、运输 3.勾缝

3）零星抹灰。工程量清单项目设置及工程量计算规则,应按表3.22的规定执行。

表3.22 零星抹灰(编码:020203)

项目编码	项目名称	项目特征	计量单位	工程量计算规则	工程内容
020203001	零星项目一般抹灰	1. 墙体类型 2. 底层厚度、砂浆配合比 3. 面层厚度、砂浆配合比	m²	按设计图示尺寸以面积计算	1. 基层清理 2. 砂浆制作、运输 3. 底层抹灰 4. 抹面层 5. 抹装饰面 5. 勾分格缝
020203002	零星项目装饰抹灰	4. 装饰面材料种类 5. 分格缝宽度、材料种类			

(2)工程量计算示例。

【例3.15】 某工程如图3.16所示,室内墙面抹1:2水泥砂浆底,1:3石灰砂浆找平层,麻刀石灰浆面层,共20 mm厚。室内墙裙采用1:3水泥砂浆打底(19 mm厚),1:2.5水泥砂浆面层(6 mm厚),计算室内墙面一般抹灰工程量。

M:1 000 mm×2 700 mm共3个

C:1 500 mm×1 800 mm共4个

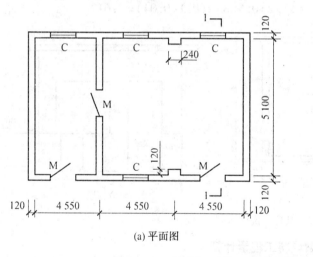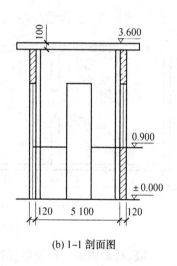

(a) 平面图　　　　　　　　(b) 1-1剖面图

图3.16 某工程平面及剖面图

【解】 根据清单工程量计算规则,墙面一般抹灰工程量计算公式如下:

室内墙面一般抹灰工程量/m²:主墙间净长度×墙面高度+垛的侧面抹灰面积-门窗等面积

室内墙面一般抹灰工程量/m²:[(4.55×3-0.24×2+0.12×2)×2+(5.10-0.24)×4]×(3.60-0.10-0.90)-1.00×(2.70-0.90)×4-1.50×1.80×4=101.50

【例3.16】 已知某柱面装饰工程,如图3.17所示,钢筋混凝土柱面钉木龙骨,中密度板基层,三合板面层,刷调和漆三遍,装饰后的断面为500 mm×500 mm,试计算此柱面装饰工程清单工程量。

【解】 依据柱面抹灰工程清单工程量计算规则,此柱面装饰工程清单工程量/m²:

$$0.5×5×3.3=8.25$$

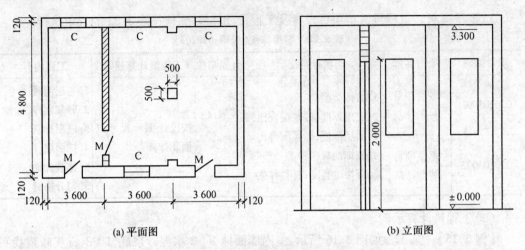

图 3.17　某柱面装饰工程(单位:mm)

【例 3.17】　某房屋挑檐水刷如图 3.18 所示,试计算挑檐水刷白石清单工程量。

【解】　依据零星抹灰工程清单工程量计算规则,此房屋挑檐水刷白石工程清单工程量为:

$$工程量/m^2:[(6.5+4)\times2+0.6\times8]\times(0.1+0.04)=3.612$$

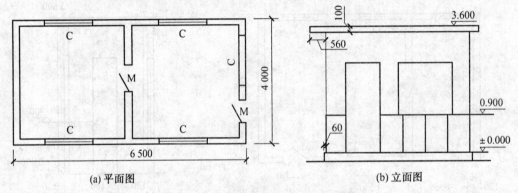

图 3.18　某房屋挑檐水刷(单位:mm)

2. 墙、柱面镶贴块料及零星镶贴块料工程量计算

(1)工程量清单项目设置及工程量计算规则。

1)墙面镶贴块料。工程量清单项目设置及工程量计算规则,应按表 3.23 的规定执行。

表3.23　墙面镶贴块料(编码:020204)

项目编码	项目名称	项目特征	计量单位	工程量计算规则	工程内容
020204001	石材墙面	1. 墙体类型 2. 底面厚度、砂浆配合比 3. 黏结层厚度、材料种类 4. 挂贴方式	m²	按设计图示尺寸以镶贴表面积计算	1. 基层清理 2. 砂浆制作、运输 3. 底层抹灰 4. 结合层铺贴 5. 面层铺贴 6. 面层挂贴 7. 面层干挂 8. 嵌缝 9. 刷防护材料 10. 磨光、酸洗、打蜡
020204002	碎拼石材墙面	5. 干挂方式(膨胀螺栓、钢龙骨) 6. 面层材料品种、规格、品牌、颜色			
020204003	块料墙面	7. 缝宽、嵌缝材料种类 8. 防护材料种类 9. 磨光、酸洗、打蜡要求			
020204004	干挂石材钢骨架	1. 骨架种类、规格 2. 油漆品种、刷油遍数	t	按设计图示尺寸以质量计算	1. 骨架制作、运输、安装 2. 骨架油漆

2)柱面镶贴块料。工程量清单项目设置及工程量计算规则,应表3.24的规定执行。

表3.24　柱面镶贴块料(编码:020205)

项目编码	项目名称	项目特征	计量单位	工程量计算规则	工程内容
020205001	石材柱面	1. 柱面材料 2. 柱截面类型、尺寸 3. 底层厚度、砂浆配合比 4. 黏结层厚度、材料种类	m²	按设计图示尺寸以镶贴表面积计算	1. 基层清理 2. 砂浆制作、运输 3. 底层抹灰 4. 结合层铺贴 5. 面层铺贴 6. 面层挂贴 7. 面层干挂 8. 嵌缝 9. 刷防护材料 10. 磨光、酸洗、打蜡
020205002	拼碎石材柱面	5. 挂贴方式 6. 干贴方式 7. 面层材料品种、规格、品牌、颜色			
020205003	块料柱面	8. 缝宽、嵌缝材料种类 9. 防护材料种类 10. 磨光、酸洗、打蜡要求			
020205004	石材梁面	1. 底层厚度、砂浆配合比 2. 黏结层厚度、材料种类 3. 面层材料品种、规格、品牌、颜色			1. 基层清理 2. 砂浆制作、运输 3. 底层抹灰 4. 结合层铺贴 5. 面层铺贴 6. 面层挂贴 7. 嵌缝 8. 刷防护材料 9. 磨光、酸洗、打蜡
020205005	块料梁面	4. 缝宽、嵌缝材料种类 5. 防护材料种类 6. 磨光、酸洗、打蜡要求			

3)零星镶贴块料。工程量清单项目工程量计算规则,应按表3.25的规定执行。

表 3.25　零星镶贴块料（编码:020206）

项目编码	项目名称	项目特征	计量单位	工程量计算规则	工程内容
020206001	石材零星项目	1. 柱、墙体类型 2. 底面厚度、砂浆配合比 3. 黏结层厚度、材料种类	m²	按设计图示尺寸以镶贴表面积计算	1. 基层清理 2. 砂浆制作、运输 3. 底层抹灰 4. 结合层铺贴 5. 面层铺贴 6. 面层挂贴 7. 面层干挂 8. 嵌缝 9. 刷防护材料 10. 磨光、酸洗、打蜡
020206002	拼碎石材零星项目	4. 挂贴方式 5. 干挂方式 6. 面层材料品种、规格、品牌、颜色			
020206003	块料零星项目	7. 缝宽、嵌缝材料种类 8. 防护材料种类 9. 磨光、酸洗、打蜡要求			

（2）工程量计算示例。

【例 3.18】　某卫生间的一侧墙面如图 3.19 所示,墙面贴 2.2 m 高的白色瓷砖,窗侧壁贴瓷砖宽 140 mm,试计算贴瓷砖的工程量。

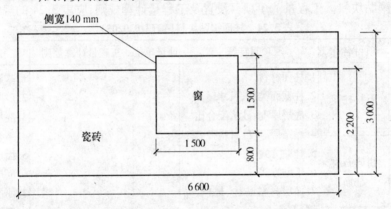

图 3.19　某卫生间墙面示意

【解】根据清单工程量计算规则,块料墙面工程量计算公式如下:

块料墙面工程量/m²:按设计图示尺寸以展开面积计算

块料墙面工程量/m²:6.6×2.2−1.5×(2.2−0.8)+[(2.2−0.8)×2+1.5]×0.14=13.02

【例 3.19】　某单位大门砖柱 4 根,砖柱块料名称尺寸如图 3.20 所示,面层水泥砂浆贴玻璃马赛克,试计算工程量。

【解】　（1）根据清单工程量计算规则,块料柱面工程量计算公式如下:

柱面一般抹灰、装饰抹灰和勾缝工程量＝柱结构断面周长×设计柱抹灰（勾缝）高度

柱面贴块料工程量＝柱设计图示外围周长×装饰高度

柱装饰板工程量＝柱饰面外围周长×装饰高度＋柱帽柱墩面积

柱面工程量/m:(0.65+1.1)×2×2.4×4=33.6

（2）根据清单工程量计算规则,块料零星项目工程量计算如下:

块料零星项目工程量＝按设计图示尺寸展开面积计算

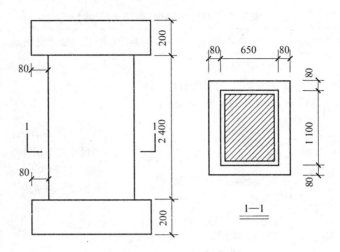

图 3.20 某大门砖柱块料面层尺寸

压顶及柱脚工程量：

工程量/m²：[(0.81+1.26)×2×0.2+(0.73+1.18)×2×0.08]×2×4 = 9.07

3. 墙、柱(梁)饰面工程量计算

(1)工程量清单项目设置及工程量计算规则。

1)墙饰面。工程量清单项目设置及工程量计算规则,应按表 3.26 的规定执行。

表 3.26 墙饰面(编码:020207)

项目编码	项目名称	项目特征	计量单位	工程量计算规则	工程内容
020207001	装饰板墙面	1. 墙体类型 2. 底层厚度、砂浆配合比 3. 龙骨材料种类、规格、中距 4. 隔离层材料种类、规格 5. 基层材料种类、规格 6. 面层材料品种、规格、品牌、颜色 7. 压条材料种类、规格 8. 防护材料种类 9. 油漆品种,刷漆遍数	m²	按设计图示墙净长乘以净高乘以面积计算计算,扣除门窗洞口及单个 0.3 m²以上的孔洞所占面积	1. 基层清理 2. 砂浆制作、运输 3. 底层抹灰 4. 龙骨制作、运输、安装 5. 钉隔离层 6. 基层铺钉 7. 面层铺贴 8. 刷防护材料

2)柱(梁)饰面。工和量清单项目工程量计算规则,应按表 3.27 的规定执行。

表 3.27　柱(梁)饰面(编码:020208)

项目编码	项目名称	项目特征	计量单位	工程量计算规则	工程内容
020208001	柱(梁)面装饰	1. 柱(梁)体类型 2. 底层厚度、砂浆配合比 3. 龙骨材料种类、规格、中距 4. 隔离层材料种类 5. 基层材料种类、规格 6. 面层材料品种、规格、品牌、颜色 7. 压条材料种类、规格 8. 防护材料种类 9. 油漆品种、刷漆遍数	m²	按设计图示饰面外围尺寸以面积计算。柱帽、柱墩并入相应柱饰面工程量内	1. 基层清理 2. 砂浆制作、运输 3. 底层抹灰 4. 龙骨制作、运输、安装 5. 钉隔离层 6. 基层铺钉 7. 面层铺贴 8. 刷防护材料、油漆

(2)工程量计算示例。

【例 3.20】　木龙骨,五合板基层,不锈钢柱面尺寸如图 3.21 所示,共 4 根,龙骨断面 35 mm×45 mm,间距 260 mm,计算工程量。

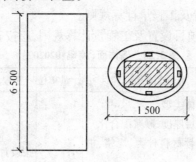

图 3.21　不锈钢柱面尺寸

【解】　柱面装饰工程量计算公式如下:

柱面装饰板工程量/m²:柱饰面外围周长×装饰高度+柱帽、柱墩面积

柱面装饰工程量/m²:1.50×3.14×6.50×4=122.46

【例 3.21】　图 3.22 为某建筑墙面装饰示意图,请计算该图所示墙面装饰的工程量。

【解】　(1)铝合金龙骨的工程量:

工程量/m²:1.35×6×(2.4+0.8)−1.5×2.0+(2.0+1.5)×2×0.12−1.5×0.6=22.86

(2)龙骨上钉三层胶合板基层的工程量:

工程量/m²:1.35×6×2.4−1.5×2.0+(2.0+1.5)×2×0.12=17.28

(3)胶合板柚木板墙裙的工程量:

工程量/m²:1.35×6×0.8−1.5×0.6=5.58

(4)钉木压条的工程量:

工程量/m:0.8×4+1.35×6=11.3

(5)柚木板暖器罩的工程量:

工程量/m²:1.5×0.6=0.9

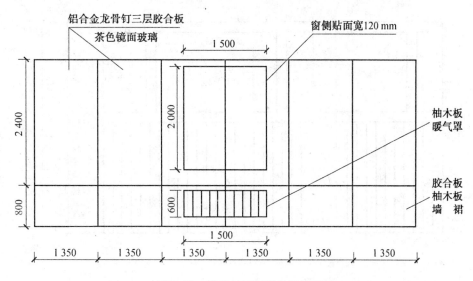

图 3.22 某建筑墙面装饰示意图

4. 隔断工程量计算

（1）工程量清单项目设置及工程量计算规则。工程量清单项目设置及工程量计算规则，见表 3.28。

表 3.28 隔断（编码：020209）

项目编码	项目名称	项目特征	计量单位	工程量计算规则	工程内容
020209001	隔断	1. 骨架、边框材料种类、规格 2. 隔板材料品种、规格、品牌、颜色 3. 嵌缝、塞口材料品种 4. 压条材料种类 5. 防护材料种类 6. 油漆品种、刷漆遍数	m²	按设计图示框外围尺寸以面积计算。扣除单个 0.3 m² 以上的孔洞所占面积；浴厕门的材质与隔断相同时，门的面积并入隔断面积内	1. 骨架及边框制作、运输、安装 2. 隔板制作、运输、安装 3. 嵌缝、塞口 4. 装钉压条 5. 刷防护材料、油漆

（2）工程量计算示例。

【例 3.22】 某隔断如图 3.23 所示，计算其工程量并编制工程量清单。

【解】 根据清单工程量计算规则，按图示尺寸框外围尺寸以面积计算。本例中分界线上部为铝合金玻璃隔断，下部为铝合金板隔断，应分开计算工程量。

隔断工程量/m²：(1.1+0.8)×6.35 = 12.07

工程量清单见表 3.29。

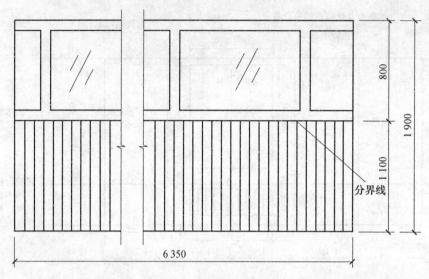

图 3.23　某隔断示意图

表 3.29　分部分项工程量清单（编码:020209）

序号	项目编号	项目名称	项目特征描述	计量单位	工程数量
1	020209001001	隔断	1. 铝合金玻璃隔断 2. 铝合金板条隔断	m²	12.07

5. 幕墙工程量计算

（1）工程量清单项目设置及工程量计算规则。工程量清单项目设置及工程量计算规则，见表 3.30。

表 3.30　幕墙（编码:020210）

项目编码	项目名称	项目特征	计量单位	工程量计算规则	工程内容
020210001	带骨架幕墙	1. 骨架材料种类、规格、中距 2. 面层材料品种、规格、品牌、颜色 3. 面层固定方式 4. 嵌缝、塞口材料种类	m²	按设计图示框外围尺寸以面积计算,与幕墙同种材质的窗所占面积不扣除	1. 骨架制作、运输、安装 2. 面层安装 3. 嵌缝、塞口 4. 清洗
020210002	全玻璃幕墙	1. 玻璃品种、规格、品牌、颜色 2. 黏结塞口材料种类 3. 固定方式	m²	按设计图示尺寸以面积计算。带肋全玻璃墙按展开面积计算	1. 幕墙安装 2. 嵌缝、塞口 3. 清洗

（2）工程量计算示例。

【例 3.23】　图 3.24 为木骨架全玻璃幕墙,请计算其工程量。

【解】　根据清单工程量计算规则,全玻幕墙工程量计算公式如下:

工程量/m²:间隔间面积-门洞面积

工程量/m²:3.85×3.2-2.2×0.8 = 10.56

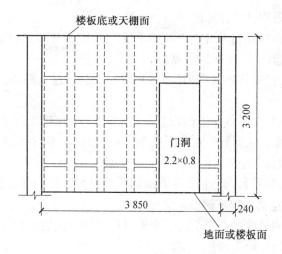

图 3.24　木骨架全玻璃幕墙示意

3.2.3　墙、柱面工程基础定额与消耗量定额工程量计算规则

1. 基础定额说明及工程量计算规则

（1）墙、柱面工程定额工程量计算说明。按《全国统一建筑工程基础定额》执行的项目，其定额说明如下：

1）墙面刷石灰砂浆遍数分二遍、三遍、四遍，其标准见表 3.31。

表 3.31　墙面刷石灰砂浆遍数标准

遍数	标准
二遍	一遍底层、一遍面层
三遍	一遍底层、一遍中层、一遍面层
四遍	一遍底层、一遍中层、二遍面层

2）抹灰等级与抹灰遍数、工序、外观质量的对应关系见表 3.32。

表 3.32　一般抹灰等级、遍数、工序及外观质量对应关系

名称	普通抹灰	中级抹灰	高级抹灰
遍数	二遍	三遍	四遍
主要工序	分层找平、修整、表面压光	阳角找方、设置标筋、分层找平、修整、表面压光	阳角找方、设置标筋、分层找平、修整、表面压光
外观质量	表面光滑、洁净、接茬平整	表面光滑、洁净，接茬平整，压线清晰、顺直	表面光滑、洁净，颜色均匀，无抹纹压线，平直方正，清晰美观

3）定额中的抹灰厚度，按不同的砂浆分别列在定额项目中。同类砂浆列总厚度，不同种砂浆分别列出其厚度，例如定额项目中的（14+6）mm，表示两种不同种类砂浆的各自厚度；18 mm 表示几层同类砂浆的总厚度。

4）外墙贴块料釉面砖、劈离砖和金属面砖项目灰缝宽度分密缝、10 mm 以内和 20 mm

以内列项,其人工、材料均已综合考虑。

5)块料镶贴和装饰抹灰分项中的"零星项目",适用于挑檐、天沟、腰线、窗台线、门窗套:压顶、栏板、扶手、遮阳板、雨篷周边等。

一般抹灰分项中的"零星项目"适用于各种壁柜、碗柜、过人洞、暖气壁龛、池槽、花台以及 1 m² 以内的抹灰。

一般抹灰分项中的"装饰线条"子项适用于门窗套、挑檐腰线、压顶、遮阳板、楼梯边梁、宣传栏边框等凸出墙面或灰面展开宽度小于 300 mm 以内的竖、横线条抹灰。超过 300 mm 的线条抹灰按"零星项目"执行。

6)墙柱面抹灰、装饰项目均已包括 3.6 m 以下简易脚手架的搭设及拆除。

(2)墙、柱面工程定额工程量调整相关规定。

1)凡定额项目注明砂浆种类、配合比、饰面材料型号规格的(含型材),如与设计规定不同时,可按设计规定调整,但人数量不变。

2)抹灰厚度如设计与定额取定不同时,除定额项目有注明可作换算外,其他一律不做调整。

3)外墙贴块料釉面砖、劈离砖和金属面砖项目,如灰缝宽超过 20 mm 以上的,其块料及灰缝材料用量允许调整,其他不变。

4)面层、隔墙(间壁)、隔断定额内,除注明者外均未包括压条、收边、装饰线(板),如设计要求时,按相应定额进行计算。

5)面层、木基层均未包括刷防火涂料(漆),如设计要求时,另按相应定额计算。

6)幕墙、隔墙(间壁)、隔断所用的轻钢、铝合金龙骨,如设计要求与定额规定不同时允许按设计调整,但人工不变。

7)玻璃幕墙、隔墙如设计有平、推拉窗者,扣除平、推拉窗面积另按门窗工程相应定额来执行。

8)木龙骨基层按双向计算的,设计为单向时,材料、人工用量乘以系数 0.55;木龙骨基层用于隔断、隔墙时应每 100 m² 木砖改按木材 0.07 m³ 计算。

9)圆弧形、锯齿形、小规则墙面抹灰、镶贴块料、饰面,按相应项人工乘以系数 1.15。

10)定额木材种类除注明者外,都以一二类木材种类为准,如采用三四类木材种类,其人工及木工机械乘以系数 1.3。

11)压条、装饰条以成品安装为准。如在现场制作木压条者,每 10 m 增加 0.25 工日。木材按净断面加刨光损耗进行计算。如在木基层天棚面上装钉压条、装饰条者,其人工乘以系数 1.34;在轻钢龙骨天棚板面钉压装饰条者,其人工乘以系数 1.68;木装饰条做图案者,其人工乘以系数 1.8。

12)木龙骨如采用膨胀螺栓固定者,按定额执行。

(3)墙、柱面工程定额工程量计算规定。按《全国统一建筑工程基础定额》执行的项目,其工程量计算规定如下:

1)内墙抹灰工程量计算规定。

①内墙抹灰面积应扣除门窗洞口和空圈所占的面积,不扣除踢脚板、挂镜线,0.3 m² 以内的孔洞和墙与构件交接处的面积,洞口侧壁和顶面亦不增加。墙垛和附墙烟囱侧壁面积与内墙抹灰工程量合并计算。

②内墙面抹灰的长度以主墙间的图示净长尺寸计算。其高度确定如下：

a. 无墙裙的,其高度按室内地面或楼面至顶棚底面之间距离计算。

b. 有墙裙的,其高度按墙裙顶至顶棚底面之间距离计算。

③钉板条顶棚的内墙面抹灰,其高度按室内地面或楼面至顶棚底面另加 100 mm 进行计算。

④内墙裙抹灰面积按内墙净长乘以高度来计算。应扣除门窗洞口和空圈所占的面积,门窗洞口与空圈的侧壁面积不另增加,墙垛、附墙烟囱侧壁面积并入墙裙抹灰面积内进行计算。

2)外墙抹灰工程量计算规定。

①外墙抹灰面积,按外墙面的垂直投影面积以平方米计算。应扣除门窗洞口、外墙裙和大于 0.3 m² 孔洞所占面积,洞口侧壁面积不另增加。附墙垛、梁、柱侧面抹灰面积并入外墙面抹灰工程量内计算。栏板、栏杆、窗台线、门窗套、扶手、压顶、挑檐、遮阳板、突出墙外的腰线等,另按相应规定进行计算。

②外墙裙抹灰面积按其长度乘以高度计算。扣除门窗洞口和大于 0.3 m² 孔洞所占的面积,门窗洞口及孔洞的侧壁不增加。

③窗台线、门窗套、挑檐、腰线、遮阳板等展开宽度在 300 mm 以内者,按装饰线以延长米进行计算。若展开宽度超过 300 mm 以上时,按图示尺寸以展开面积计算,套零星抹灰定额项目。

④栏板、栏杆(包括立柱、扶手或压顶等)抹灰按立面垂直投影面积乘以系数 2.2 以平方米计算。

⑤阳台底面抹灰按水平投影面积以平方米计算,并入相应顶棚抹灰面积内。阳台如带悬臂梁者,其工程量乘系数 1.30。

⑥雨篷底面或顶面抹灰应分别按水平投影面积以平方米来计算,并入相应顶棚抹灰面积内。雨篷顶面带反沿或反梁者,其工程量乘系数 1.20,底面带悬臂梁者,其工程量乘以系数 1.20。雨篷外边线按相应装饰或零星项目来执行。

⑦墙面勾缝按垂直投影面积进行计算,需扣除墙裙和墙面抹灰的面积,不扣除门窗洞口、门窗套、腰线等零星抹灰所占的面积,附墙柱和门窗洞口侧面的勾缝面积亦不增加。独立柱、房上烟囱勾缝,按图示尺寸以平方米进行计算。

3)外墙装饰抹灰工程量计算规定。

①外墙各种装饰抹灰均按图示尺寸以实抹面积计算,应扣除门窗洞口和空圈的面积,其侧壁面积不另外增加。

②挑檐、天沟、腰线、栏杆、栏板、门窗套、窗台线、压顶等均按图示尺寸展开面积以平方米计算,并入相应的外墙面积内。

4)块料面层工程量计算规定。

①墙面贴块料面层均按图示尺寸以实贴面积进行计算。

②墙裙以高度在 1 500 mm 以内为准,超过 1 500 mm 时按墙面进行计算,高度低于 300 mm 时,按踢脚板计算。

5)木隔墙、墙裙、护壁板均按图示尺寸长度乘高度按实铺面积以平方米计算。

6)玻璃隔墙按上横挡顶面至下横挡底面间的高度乘宽度(两边立挺外边线之间)以平

方米计算。

7)浴厕木隔断按下横挡底面至上横挡顶面高度乘图示长度以平方米进行计算,门扇面积并入隔断面积内计算。

8)铝合金、轻钢隔墙、幕墙按四周框外围面积计算。

9)独立柱。

①一般抹灰、装饰抹灰、镶贴块料按结构断面周长乘柱的高度以平方米计算。

②柱面装饰按柱外围饰面尺寸乘以柱的高以平方米计算。

10)各种"零星项目"均按图示尺寸以展开面积计算。

2.消耗量定额说明及工程量计算规则

(1)消耗量定额说明。按《全国统一建筑装饰装修工程消耗量定额》执行的项目,其定额说明如下:

1)本章定额凡注明砂浆种类、配合比、饰面材料及型材的型号规格与设计不同时,可按设计规定调整,但人工、机械消耗量不变。

2)抹灰砂浆厚度,如设计与定额取定不同时,除定额有注明厚度的项目可以换算外,其他一律不做调整,见表3.33。

表3.33　抹灰砂浆定额厚度取定表

定额编号	项目		砂浆	厚度/mm
2-001	水刷豆石	砖、混凝土墙面	水泥砂浆1:3	12
			水泥豆石浆1:1.25	12
2-002		毛石墙面	水泥砂浆1:3	18
			水泥豆石浆1:1.25	12
2-005	水刷白石子	砖、混凝土墙面	水泥砂浆1:3	12
			水泥豆石浆1:1.25	10
2-006		毛石墙面	水泥砂浆1:3	20
			水泥豆石浆1:1.25	10
2-009	水刷玻璃渣	砖、混凝土墙面	水泥砂浆1:3	12
			水泥玻璃渣浆1:1.25	12
2-010		毛石墙面	水泥砂浆1:3	18
			水泥玻璃渣浆1:1.25	12
2-013	干黏白石子	砖、混凝土墙面	水泥砂浆1:3	18
2-014		毛石墙面	水泥砂浆1:3	30
2-017	干黏玻璃渣	砖、混凝土墙面	水泥砂浆1:3	18
2-018		毛石墙面	水泥砂浆1:3	30

续表 3.33

定额编号	项　目		砂浆	厚度/mm
2-021	斩假石	砖、混凝土墙面	水泥砂浆 1∶3	12
			水泥白石子浆 1∶1.5	10
2-022		毛石墙面	水泥砂浆 1∶3	18
			水泥白石子浆 1∶1.5	10
2-025	墙柱面拉条	砖墙面	混合砂浆 1∶0.5∶2	14
			混合砂浆 1∶0.5∶1	10
2-026		混凝土墙面	水泥砂浆 1∶3	14
			混合砂浆 1∶0.5∶1	10
2-027	墙柱面甩毛	砖墙面	混合砂浆 1∶1∶6	12
			混合砂浆 1∶1∶4	6
2-028		混凝土墙面	水泥砂浆 1∶3	10
			水泥砂浆 1∶2.5	6

注:1. 每增减一遍水泥浆或 108 胶素水泥浆,每平方米增减人工 0.01 工日,素水泥浆或 108 胶素水泥浆 0.001 2 m³。

　2. 每增减 1 mm 厚砂浆,每平方米增减砂浆 0.001 2 m³。

　　3)圆弧形、锯齿形等不规则墙面抹灰,镶贴块料按相应项目人工乘以系数 1.15,材料乘以系数 1.05。

　　4)离缝镶贴面砖定额子目,面砖消耗量分别按缝宽 5 mm、10 mm 和 20 mm 进行考虑,如灰缝不同或灰缝超过 20 mm 以上者,其块料及灰缝材料(水泥砂浆 1∶1)用量允许进行调整,其他不变。

　　5)镶贴块料和装饰抹灰的"零星项目"适用于挑檐、天沟、腰线、窗台线、门窗套、压顶、扶手、雨篷周边等。

　　6)木龙骨基层是按双向计算的,如设计为单向时,材料、人工用量乘以系数 0.55。

　　7)定额木材种类除注明者外。均以一、二类木种为准,如采用三、四类木种时,人工、机械乘以系数 1.3。

　　8)面层、隔墙(间壁)、隔断(护壁)定额内,除注明者外均未包括压条、收边、装饰线(板),如设计要求时,应按其他工程中相应子目执行。

　　9)面层、木基层均未包括刷防火涂料,如设计要求时,应按本章相应子目执行。

　　10)玻璃幕墙设计有平开、推拉窗者,仍执行幕墙定额,窗型材、窗五金相应增加,其他不变。

　　11)玻璃幕墙中的玻璃按成品玻璃考虑,幕墙中的避雷装置、防火隔离层定额已综合,但幕墙的封边、封顶的费用另行计算。

　　12)隔墙(间壁)、隔断(护壁)、幕墙等定额中龙骨间距、规格如与设计不同时,定额用量允许进行调整。

　　(2)消耗量定额工程量计算规则。按《全国统一建筑装饰装修工程消耗量定额》执行的

项目,其工程量计算规则如下:

1)外墙面装饰抹灰面积,按垂直投影面积计算,扣除门窗洞口和 0.3 m^2 以上的孔洞所占的面积,门窗洞口及孔洞侧壁面积亦不增加。附墙柱侧面抹灰面积并入外墙抹灰面积工程量内。

2)柱抹灰按结构断面周长乘以高度计算。

3)女儿墙(包括泛水、挑砖)、阳台栏板(不扣除花格所占孔洞面积)内侧抹灰按垂直投影面积乘以系数 1.10,带压顶者乘系数 1.30 按墙面定额执行。

4)"零星项目"按设计图示尺寸以展开面积计算。

5)墙面贴块料面层,按实贴面积计算。

6)墙面贴块料、饰面高度在 300 mm 以内者,按踢脚板定额执行。

7)柱饰面面积按外围饰面尺寸乘以高度计算。

8)挂贴大理石、花岗岩中其他零星项目的花岗岩、大理石是按成品考虑的,花岗岩、大理石柱墩、柱帽按最大外径周长计算。

9)除定额已列有柱帽、柱墩的项目外,其他项目的柱帽、柱墩工程量按设计图示尺寸以展开面积计算,并人相应柱面积内,每个柱帽或柱墩另增人工:抹灰 0.25 工日,块料 0.38 工日,饰面 0.5 工日。

10)隔断按墙的净长乘净高计算,扣除门窗洞口及 0.3 m^2 以上的孔洞所占面积。

11)全玻隔断的不锈钢边框工程量按边框展开面积计算。

12)全玻隔断、全玻幕墙如有加强肋者,工程量按其展开面积计算;玻璃幕墙、铝板幕墙以框外围面积计算。

13)装饰抹灰分格、嵌缝按装饰抹灰面积计算。

3.2.4　墙、柱面工程工程量清单计价综合实例

【例 3.24】　某房屋如图 3.25 所示,外墙为混凝土墙面,设计为水刷白石子(12 mm 厚水泥砂浆 1:3,10 mm 厚水泥白石子浆 1:1.5),编制其分部分项工程量清单计价表。

【解】

(1)清单工程量/m^2

(8.1+0.12×2+5.6+0.12×2)×2×(4.6+0.3)−1.8×1.8×4−0.9×2.7=123.57

(2)消耗量定额工程量

1)依据"消耗量定额"计算规则,计算工程量:

外墙水刷白石子/m^2:

(8.1+0.12×2+5.6+0.12×2)×2×(4.6+0.3)−1.8×1.8×4−0.9×2.7=123.57

2)计算清单项目每计量单位应包含的各项工程内容的工程数量/个:

外墙水刷白石子/个:123.57÷123.57=1

(3)编制工程量清单综合单价分析表

根据企业情况确定管理费率 170%,利润率 110%,计费基础为人工费。工程量清单综合单价分析表见表 3.34。

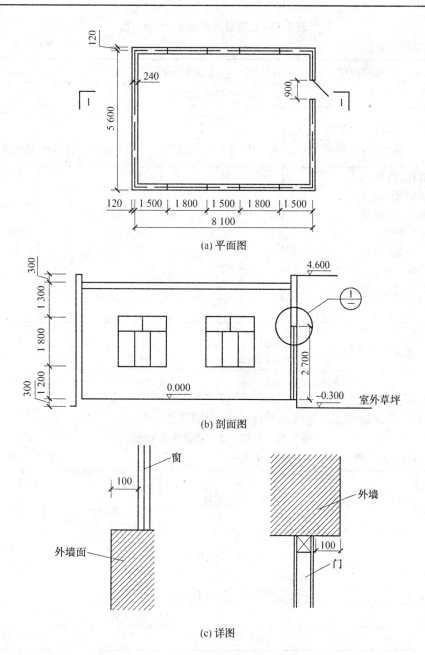

(a) 平面图

(b) 剖面图

(c) 详图

图 3.25　某房屋示意图

表 3.34　工程量清单综合单价分析表

工程名称:装饰抹灰工程　　　　　　　　标段:　　　　　　　　　　　第　页　共　页

项目编码	020201002001	项目名称	墙面装饰抹灰	计量单位	m²

综合单价组成明细

定额编号	定额名称	定额单位	数量	单价/元				合价/元			
				人工费	材料费	机械费	管理费和利润	人工费	材料费	机械费	管理费和利润
2-205	清理、修补、湿润墙面、堵强眼、调运砂浆、清扫落地灰;分层抹灰、刷浆、打平、起线拍平、压实、刷面	m²	1	9.17	7.64	0.25	25.68	9.17	7.64	0.25	25.68
人工单价		小　计						9.17	7.64	0.25	25.68
25 元/工日		未计价材料费						—			
		清单项目综合单价						42.74			

(4)编制分部分项工程量清单与计价表,见表 3.35。

表 3.35　分部分项工程量清单与计价表

工程名称:装饰抹灰工程　　　　　　　　标段:　　　　　　　　　　　第　页　共　页

项目编号	项目名称	项目特征描述	计量单位	工程数量	金额/元		
					综合单价	合价	其中:暂估价
020201002001	墙面装饰抹灰	1.墙体类型:砖墙面 2.材料种类,配合比,厚度:水泥砂浆,1:3,厚 12 mm;水泥白石子浆,1:1.5,厚 10 mm	m²	123.57	42.74	5 281.38	
		合计				5 281.38	

【例 3.25】　某卫生间如图 3.26 所示,门洞尺寸为 900 mm×2 100 mm,蹲便区沿隔断内起地台,高度为 200 mm。墙面为水泥砂浆粘贴面砖 95 mm×95 mm,灰缝 5 mm 内,门内侧壁同窗。编制其分部分项工程量清单计价表。

【解】

(1)清单工程量/m²:

(4+3)×2×2.7-1.5×1.2-0.9×2.1-0.2×(1.2+3×0.8)×2+0.12×(1.2+0.15)×2+0.12×(0.9+2×2)=33.91

(2)消耗量定额工程量:

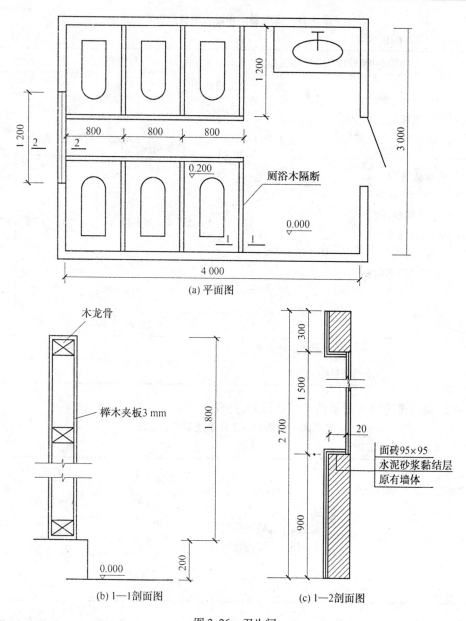

图 3.26 卫生间

1）依据"消耗量定额"计算规则，计算工程量：

墙面贴面砖/m²：

(4+3)×2×2.7−1.5×1.2−0.9×2.1−0.2×(1.2+3×0.8)×2+0.12×(1.2+0.15)×2+0.12×(0.9+2×2)=33.91

2）计算清单项目每计量单位应包含的各项工程内容的工程数量：

墙面贴面砖/个：33.91÷33.91=1

（3）编制工程量清单综合单价分析表。

根据企业情况确定管理费率170%，利润率110%，计费基础为人工费。工程量清单综合单价分析表见表 3.36。

表3.36 工程量清单综合单价分析表

工程名称:某卫生间墙面装饰 　　　　　标段: 　　　　　第　页　共　页

项目编码	020204003001	项目名称	墙面镶贴块料	计量单位	m²

综合单价组成明细

定额编号	定额名称	定额单位	数量	单价/元				合价/元			
				人工费	材料费	机械费	管理费和利润	人工费	材料费	机械费	管理费和利润
2-124	清理修补基层表面、打底抹灰、砂浆找平;选料、抹结合层砂浆、贴面砖、擦缝、清洁表面	m²	1	15.41	34.30	0.82	43.15	15.41	34.30	0.82	43.15
人工单价			小　计					15.41	34.30	0.82	43.15
25元/工日			未计价材料费					—			
清单项目综合单价								93.68			

(4)编制分部分项工程量清单与计价表,见表3.37。

表3.37 分部分项工程量清单与计价表

工程名称:某卫生间墙面装饰 　　　　　标段: 　　　　　第　页　共　页

项目编号	项目名称	项目特征描述	计量单位	工程数量	金额/元		
					综合单价	合价	其中:暂估价
020204003001	墙面镶贴块料	1. 清理基层,砂浆找平 2. 贴面砖,擦缝,清洁表面	m²	33.91	93.68	3 176.69	
合计						3 176.69	

【例3.26】 某不锈钢钢化玻璃如图3.27所示,请编制其分部分项工程量清单计价表。

【解】

(1)清单工程量/m²

$(4+0.25\times2)\times(2.25+0.25\times12)=12.38$

(2)消耗量定额工程量

1)依据"消耗量定额"计算规则,计算工程量:

①不锈钢边框/m²:$0.25\times(4+0.25\times2+2.25)\times2+0.2\times(4.5+2.75)\times2=6.28$

②钢化玻璃/m²:$4\times2.25=9$

2)计算清单项目每计量单位应包含的各项工程内容的工程数量:

①不锈钢边框:$6.28\div12.38=0.51$

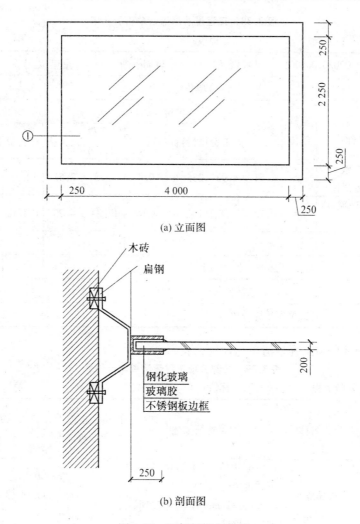

(a) 立面图

(b) 剖面图

图 3.27　不锈钢钢化玻璃

②钢化玻璃:9÷12.38=0.73

(3)编制工程量清单综合单价分析表。根据企业情况确定管理费率170%,利润率110%,计费基础为人工费。工程量清单综合单价分析表见表3.38。

表 3.38　工程量清单综合单价分析表

工程名称:某玻璃隔断工程　　　　　　标段:　　　　　　　　　　　　第　页 共　页

项目编码	020209001001	项目名称	全玻璃隔断	计量单位	m²

综合单价组成明细

定额编号	定额名称	定额单位	数量	单价/元				合价/元			
				人工费	材料费	机械费	管理费和利润	人工费	材料费	机械费	管理费和利润
2-233	定位弹线、下料、安装龙骨	m²	0.51	4.93	235.49	0.4	13.8	2.51	120.1	0.2	7.04
2-235	安钢化玻璃、嵌缝清理	m²	0.73	5.8	141.76	1.67	16.24	4.23	103.48	1.22	11.86
人工单价		小　计						6.74	223.58	1.42	18.9
25 元/工日		未计价材料费						—			
清单项目综合单价								250.64			

(4)编制分部分项工程量清单与计价见表 3.39。

表 3.39　分部分项工程量清单与计价表

工程名称:某玻璃隔断工程　　　　　　标段:　　　　　　　　　　　　第　页 共　页

项目编号	项目名称	项目特征描述	计量单位	工程数量	金额/元		
					综合单价	合价	其中:暂估价
020209001001	全玻璃隔断	1.骨架边框:杉木锯材、单独不锈钢边框 2.玻璃:12 mm 厚钢化玻璃、玻璃胶填缝	m²	12.38	250.64	3 102.92	
合计						3 102.92	

3.3　天棚工程

3.3.1　天棚工程清单工程量计算相关说明

1.有关项目列项问题说明

(1)天棚的检查孔、天棚内的检修走道、灯槽等应包括在报价内。

(2)天棚吊顶的平面、跌级、锯齿形、阶梯形、吊挂式、藻井式以及矩形、弧形、拱形等应在清单项目中描述。

(3)采光天棚和天棚设置保温、隔热、吸声层时,按清单计价规范附录 A 相关项目编码列项。

2. 有关项目特征的说明

(1)"天棚抹灰"项目基层类型是指混凝土现浇板、预制混凝土板、木板条等。

(2)龙骨类型指上人或不上人,以及平面、跌级、锯齿形、阶梯形、吊挂式、藻井式及矩形、圆弧形、拱形等类型。

(3)基层材料,指底板或面层背后的加强材料。

(4)龙骨中距,指相邻龙骨中线间的距离。

(5)天棚面层适用于:石膏板(包括装饰石膏板、纸面石膏板、吸声穿孔石膏板、嵌装式装饰石膏板等)、埃特板、装饰吸声罩面板(包括矿棉装饰吸声板、贴塑矿(岩)棉吸声板、膨胀珍珠岩石装饰吸声制品、玻璃棉装饰吸声板等)、塑料装饰罩面板(钙塑泡沫装饰吸声板、聚苯乙烯泡沫塑料装饰吸声板、聚氯乙烯塑料天花板等)、纤维水泥加压板(包括穿孔吸声石棉水泥板、轻质硅酸钙吊顶板等)、金属装饰板(包括铝合金罩面板、金属微孔吸声板、铝合金单体构件等)、木质饰板(胶合板、薄板、板条、水泥木丝板、刨花板等)、玻璃饰面(包括镜面玻璃、镭射玻璃等)。

(6)格栅吊顶面层适用于木格栅、金属格栅、塑料格栅等。

(7)吊筒吊顶适用于木(竹)质吊筒、金属吊筒、塑料吊筒以及圆形、矩形、扁钟形吊筒等。

(8)灯带格栅有不锈钢格栅、铝合金格栅、玻璃类格栅等。

(9)送风口、回风口适用于金属、塑料、木质风口。

3. 有关工程量计算的说明

(1)天棚抹灰与天棚吊顶工程量计算规则有所不同:天棚抹灰不扣除柱垛所占的面积;天棚吊顶不扣除柱垛所占的面积,但要扣除独立柱所占面积。柱垛指柱子与墙体相连的突出于墙体的部分。

(2)天棚吊顶应扣除与天棚吊顶相连的窗帘盒所占的面积。

(3)格栅吊顶、吊筒吊顶、藤条造型悬挂吊顶、织物软吊顶、网架(装饰)吊顶都按设计图示的吊顶尺寸以水平投影面积进行计算。

4. 有关工程内容的说明

"抹装饰线条"线角的道数以一个突出的棱角为一道线,应在报价时注意。

3.3.2　天棚工程工程量清单项目设置及工程量计算

1. 天棚抹灰工程量计算

(1)工程量清单项目设置及工程量计算规则。工程量清单项目设置及工程量计算规则,见表 3.40。

表 3.40　天棚抹灰(编码:020301)

项目编码	项目名称	项目特征	计量单位	工程量计算规则	工程内容
020301001	天棚抹灰	1.基层类型 2.抹灰厚度、材料种类 3.装饰线条道数 4.砂浆配合比	m^2	按设计图示尺寸以水平投影面积计算。不扣除间壁墙、垛、柱、附墙烟囱、检查口和管道所占的面积,带梁天棚、梁两侧抹灰面积并入天棚面积内,板式楼梯底面抹灰按斜面积计算,锯齿形楼梯底板抹灰按展开面积计算	1.基层清理 2.底层抹灰 3.抹面层 4.抹装饰线条

(2)工程量计算示例。

【例 3.27】　某钢筋混凝土天棚如图 3.28 所示。已知板厚 100 mm,试计算其天棚抹灰工程量。

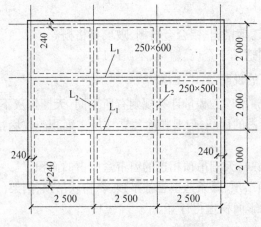

图 3.28　某梁天棚示意图

【解】

(1)主墙间净面积/m^2:

$(2.5 \times 3 - 0.24) \times (2 \times 3 - 0.24) = 41.82$

(2)L_1 的侧面抹灰面积/m^2:

$[(2.5 - 0.12 - 0.125) \times 2 + (2.5 - 0.125 \times 2)] \times (0.6 - 0.1) \times 2 \times 2 = 13.52$

(3)L_2 的侧面抹灰面积/m^2:

$[(2 - 0.12 - 0.125) \times 2 + (2 - 0.125 \times 2)] \times (0.5 - 0.1) \times 2 \times 2 = 8.42$

(4)天棚抹灰工程量/m^2:

主墙间净面积+L_1、L_2 的侧面抹灰面积/m^2:$41.82 + 13.52 + 8.42 = 63.76$

2.天棚吊顶工程量计算

(1)工程量清单项目设置及工程量计算规则。工程量清单项目设置及工程量计算规则,见表 3.41。

表 3.41　天棚吊顶(编码:020302)

项目编码	项目名称	项目特征	计量单位	工程量计算规则	工程内容
020302001	天棚吊顶	1. 吊顶形式 2. 龙骨类型、材料种类、规格、中距 3. 基层材料种类、规格 4. 面层材料品种、规格、品牌、颜色 5. 压条材料种类、规格 6. 嵌缝材料种类 7. 防护材料种类 8. 油漆品种、刷漆遍数	m²	按设计图示尺寸以水平投影面积计算。天棚面中的灯槽及跌级、锯齿形、吊挂式、藻井式天棚面积不展开计算。不扣除间壁墙、检查口、附墙烟囱、柱垛和管道所占面积,扣除单个 0.3 m² 以外的孔洞、独立柱及与天棚相连的窗帘盒所占的面积	1. 基层清理 2. 龙骨安装 3. 基层板铺贴 4. 面层铺贴 5. 嵌缝 6. 刷防护材料、油漆
020302002	格栅吊顶	1. 龙骨类型、材料、种类、规格、中距 2. 基层材料种类、规格 3. 面层材料品种、规格、品牌、颜色 4. 防护材料种类 5. 油漆品种、刷漆遍数	m²	按设计图示尺寸以水平投影面积计算	1. 基层清理 2. 底层抹灰 3. 安装龙骨 4. 基层板铺贴 5. 面层铺贴 6. 刷防护材料、油漆
020302003	吊筒吊顶	1. 底层厚度、砂浆配合比 2. 吊筒形状、规格、颜色、材料种类 3. 防护材料种类 4. 油漆品种、刷漆遍数			1. 基层清理 2. 底层抹灰 3. 吊筒安装 4. 刷防护材料、油漆
020302004	藤条造型悬挂吊顶	1. 底层厚度、砂浆配合比 2. 骨架材料种类、规格 3. 面层材料品种、规格、颜色 4. 防护层材料种类 5. 油漆品种、刷漆遍数	m²	按设计图示尺寸以水平投影面积计算	1. 基层清理 2. 底层抹灰 3. 龙骨安装 4. 铺贴面层 5. 刷防护材料、油漆
020302005	织物软雕吊顶				
020302006	网架(装饰)吊顶	1. 底层厚度、砂浆配合比 2. 面层材料品种、规格、颜色 3. 防护材料品种 4. 油漆品种、刷漆遍数			1. 基层清理 2. 底面抹灰 3. 面层安装 4. 刷防护材料、油漆

（2）工程量计算示例。

【例 3.28】 某天棚吊顶工程如图 3.29 所示，计算天棚吊顶工程量。

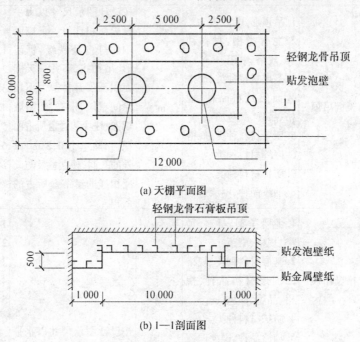

（a）天棚平面图

（b）1—1 剖面图

图 3.29 某天棚吊顶工程

【解】 天棚吊顶工程量/m²:12×6=72

【例 3.29】 预制钢筋混凝土板底吊不上人型装配式 U 形轻钢龙骨，间距 450 mm×450 mm，龙骨上铺钉中密度板，面层粘贴 6 m 厚铝塑板，尺寸如图 3.30 所示，计算天棚吊顶工程量。

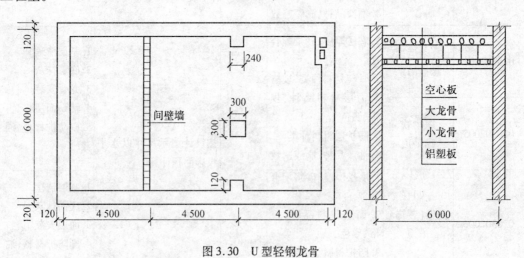

图 3.30 U 型轻钢龙骨

【解】 天棚吊顶工程量计算如下：

天棚吊顶工程量/m²:主墙间的净长度×主墙间的净宽度-独立柱及相连窗帘盒等所占面积

天棚吊顶工程量/m²:(13.5-0.24)×(6-0.24)-0.30×0.30=76.292

3.天棚其他装饰工程量计算

工程量清单项目设置及工程量计算规则,见表3.42。

表3.42　天棚其他装饰(编码:020303)

项目编码	项目名称	项目特征	计量单位	工程量计算规则	工程内容
020303001	灯带	1.灯带样式、尺寸 2.格栅片材料品种、规格、品牌、颜色 3.安装固定方式	m²	按设计图示尺寸以框外围面积计算	安装、固定
020303002	送风口、回风口	1.风口材料品种、规格、品牌、颜色 2.安装固定方式 3.防护材料种类	个	按设计图示数量计算	1.安装、固定 2.刷防护材料

3.3.3　天棚工程基础定额与消耗量定额工程量计算规则

1.基础定额说明及工程量计算规则

(1)基础定额有关说明。按《全国统一建筑工程基础定额》执行的项目,其定额说明如下:

1)天棚面层在同一标高为一级天棚;天棚面层不在同一标高者,且高差在200 mm以上者为二级或三级天棚。

2)装饰天棚项目包括3.6 m以下简易脚手架搭设及拆除。

(2)定额调整相关规定

1)凡定额注明了砂浆种类和配合比、饰面材料型号规格的,如与设计不同时,可按设计规定调整。

2)天棚龙骨是按常用材料及规格组合编制的,如与设计规定不同时,可以换算,人工不变。

3)定额中木龙骨规格,木龙骨为50 mm×70 mm,中、小龙骨为50 mm×50 mm,吊木筋为50 mm×50 mm,设计规格不同时,允许换算,人工及其他材料不变。允许换算是指大龙骨和中小龙骨,木吊筋用量与规格无关,不应换算。

4)天棚骨架、天棚面层分别列项,按相应项目配套使用。对于二级或三级以上造型的天棚,其面层人工乘以系数1.3。

5)吊筋安装,如在混凝土板上钻眼、挂筋者,按相应项目每100 m²增加人工3.4工日;如在砖墙上打洞搁放骨架者,按相应天棚项目100 m²增加人工1.4工日。上人型天棚骨架吊筋为射钉者,每100 m²减少人工0.25工日,吊筋3.8 kg;增加钢板27.6 kg,射钉585个。

(3)基础定额工程量计算规则。按《全国统一建筑工程基础定额》执行的项目,其工程量计算规则如下:

1)顶棚抹灰工程量计算规定。

①顶棚抹灰面积,按主墙间的净面积计算,不扣除间壁墙、垛、柱、附墙烟囱、检查口和管

道所占的面积。带梁顶棚,梁两侧抹灰面积,并入顶棚抹灰工程量内计算。

②密肋梁和井字梁顶棚抹灰面积,按展开面积计算。

③顶棚抹灰如带有装饰线时,区别按三道线以内或五道线以内按延长米计算,线角的道数以一个突出的棱角为一道线。

④檐口顶棚的抹灰面积,并入相同的顶棚抹灰工程量内计算。

⑤顶棚中的折线、灯槽线,圆弧形线、拱形线等艺术形式的抹灰,按展开面积计算。

2)各种吊顶顶棚龙骨按主墙间净空面积计算,不扣除间壁墙、检查口、附墙烟囱、柱、垛和管道所占面积。但顶棚中的折线、跌落等圆弧形,高低吊灯槽等面积也不展开计算。

3)顶棚面装饰工程量计算规定。

①顶棚装饰面积,按主间实铺面积以平方米计算,不扣除间壁墙、检查口、附墙烟囱、附墙垛和管道所占面积,应扣除独立柱及与顶棚相连的窗帘盒所占的面积。

②顶棚中的折线、跌落等圆弧形、拱形、高低灯槽及其他艺术形式的顶棚面层均按展开面积计算。

2. 消耗量定额说明及工程量计算规则

(1)消耗量定额说明。按《全国统一建筑装饰装修工消耗量定额》执行的项目,其定额说明如下:

1)定额除部分项目为龙骨、基层、面层合并列项外,其余均为天棚龙骨、基层、面层分别列项编制。

2)定额龙骨的种类、间距、规格和基层、而层材料的型号、规格是按常用材料和常用做法考虑的,如设计要求不同时,材料可以调整,但人工、机械不变。

3)天棚面层在同一标高者为平面天棚,天棚面层不在同一标高者为跌级天棚(跌级天棚其面层人工乘系数1.1)。

4)轻钢龙骨、铝合金龙骨定额中为双层结构(即中、小龙骨紧贴大龙骨底面吊挂),如为单层结构时(大、中龙骨底面在同一水平上),人工乘0.85系数。

5)定额中平面天棚和跌级天棚指一般直线型天棚,不包括灯光槽的制作安装。灯光槽制作安装应按本章相应子目执行。艺术造型天棚项目中包括灯光槽的制作安装。

6)龙骨架、基层、面层的防火处理,应按《消耗量定额》相应子目执行。

7)天棚检查孔的工料已包括在定额项目内,不另计算。

(2)消耗量定额工程量计算规则。按《全国统一建筑装饰装修工消耗量定额》执行的项目,其工程量计算规则如下:

1)各种吊顶天棚龙骨按主墙间净空面积计算,不扣除间壁墙、检查洞、附墙烟囱、柱、垛和管道所占面积。

2)天棚基层按展开面积计算。

3)天棚装饰面层,按主墙间实钉(胶)面积以平方米计算,不扣除间壁墙、检查口、附墙烟囱、垛和管道所占面积,但应扣除 0.3 m² 以上的孔洞、独立柱、灯槽及与天棚相连的窗帘盒所占的面积。

4)定额中龙骨、基层、面层合并列项的产日,工程量计算规则同第一条。

5)板式楼梯底面的装饰工程量按水平投影面积乘1.15系数计算,梁式楼梯底面按展开面积计算。

6)灯光槽按延长米计算。

7)保温层按实铺面积计算。

8)网架按水平投影面积计算。

9)嵌缝按延长米计算。

3.3.4 天棚工程工程量清单计价综合实例

【例3.30】 某接待室吊顶平面布置图如图3.31所示,请编制其分部分项工程量清单计价表。

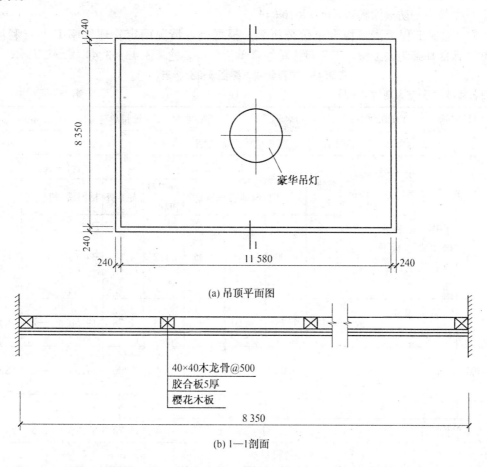

(a) 吊顶平面图

(b) 1—1剖面

图3.31 某接待室天棚

【解】

(1)清单工程量

天棚吊顶清单工程量/m²:

11.58×8.35=96.69

(2)消耗量定额工程量

1)依据"消耗量定额"计算规则,计算工程量/m²:

①木龙骨/m²:8.35×11.58=96.69

②胶合板/m²:8.35×11.58=96.69

③樱桃木板/m² :8.35×11.58 = 96.69

④木龙骨刷防火涂料/m² :8.35×11.58 = 96.69

⑤木板面刷防火涂料/m² :8.35×11.58 = 96.69

2)计算清单项目每计量单位应包含的各项工程内容的工程数量:

①木龙骨:96.69÷96.69 = 1

②胶合板:96.69÷96.69 = 1

③樱桃木板:96.69÷96.69 = 1

④木龙骨刷防火涂料:96.69÷96.69 = 1

⑤木板面刷防火涂料:96.69÷96.69 = 1

(3)编制工程量清单综合单价分析表。根据企业情况确定管理费率170%,利润率110%,计费基础为人工费。工程量清单综合单价分析表见表3.43~3.44。

表3.43　工程量清单综合单价分析表(一)

工程名称:某办公室天棚吊顶工程　　　　　　标段:　　　　　　　　第　页　共　页

| 项目编码 | 020302001001 | 项目名称 | | 天棚吊顶 | | 计量单位 | | | m² |

综合单价组成明细

定额编号	定额名称	定额单位	数量	单价/元				合价/元			
				人工费	材料费	机械费	管理费和利润	人工费	材料费	机械费	管理费和利润
3-018	制作、安装木楞、混凝土板下的木楞刷防腐油	m²	1	4.00	34.16	0.05	11.2	4.00	34.16	0.05	11.2
3-0.75	安装天棚基层五合板基层	m²	1	1.78	19.50	—	4.98	1.78	19.50	—	4.98
3-107	安装面层樱桃板面层	m²	1	3.00	34.33	—	8.4	3.00	34.33	—	8.4
人工单价	小　计							8.78	87.99	0.05	24.58
25元/工日	未计价材料费							—			
清单项目综合单价								121.4			

表 3.44 工程量清单综合单价分析表（二）

工程名称:某办公室天棚吊顶工程　　　　　标段:　　　　　　　　　第　页 共　页

项目编码	020504006001	项目名称	天棚面油漆	计量单位	m²

综合单价组成明细

定额编号	定额名称	定额单位	数量	单价/元				合价/元			
				人工费	材料费	机械费	管理费和利润	人工费	材料费	机械费	管理费和利润
5-060	面层清扫、磨砂纸、刮腻子、刷底油、油色、刷清漆两遍	m²	1	3.65	2.38	—	10.22	3.65	2.38	—	10.22
5-159	木袭骨刷防火涂料两遍	m²	1	3.88	5.59	—	10.86	3.88	5.59	—	10.86
5-164	木板面单面刷防火涂料两遍	m²	1	2.24	3.71	—	6.27	2.24	3.71	—	6.27
人工单价			小 计					9.77	11.68	—	27.35
25 元/工日			未计价材料费					—			
清单项目综合单价								48.8			

（4）编制分部分项工程量清单与计价见表 3.45。

表 3.45 分部分项工程量清单与计价表

工程名称:某办公室天棚吊顶工程　　　　　标段:　　　　　　　　　第　页 共　页

项目编号	项目名称	项目特征描述	计量单位	工程数量	金额/元		
					综合单价	合价	其中:暂估价
020302001001	天棚吊顶	1.吊顶形式:平面天棚 2.龙骨材料类型、中距:木龙骨、面层规格 450×450 3.基层、面层材料:五合板、樱桃木板	m²	96.69	121.4	11 738.17	
020504006001	天棚面油漆	油漆、防护:刷清漆两遍、刷防火涂料两遍	m²	96.69	48.8	4 719.44	
合计						16 457.61	

【例 3.31】 如图 3.32 所示为某接待室吊顶平面布置图,请编制其分部分项工程量清单计价表。

【解】

（1）清单工程量

天棚吊顶工程量/m²:8.5×5.2＝44.20

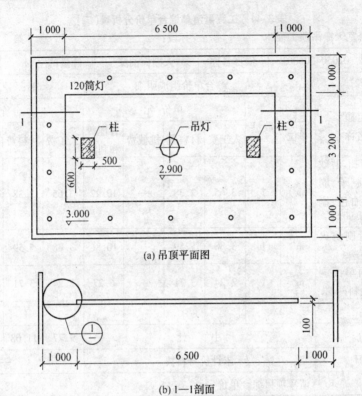

(a) 吊顶平面图

(b) 1—1剖面

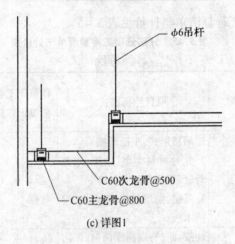

(c) 详图1

图 3.32　某接待室天棚

(2)消耗量定额工程量。

1)依据消耗量定额,工程量计算:

①轻钢龙骨/m²:8.5×4.2=44.2

②铝塑板/m²:吊顶装饰面积按主墙间实钉(胶)面积以平方米计算,应扣除 0.3 m² 以上的独立柱所占面积为

44.2+0.1×(6.5+3.2)×2-0.5×0.6×2=45.54

2)计算清单项目每计量单位应包含的各项工程内容的工程数量:

①轻钢龙骨:44.2÷44.2=1

②铝塑板:45.54÷44.2=1.03

（3）编制工程量清单综合单价分析表

根据企业情况确定管理费率170%,利润率110%,计费基础为人工费。工程量清单综合单价分析表见表3.46。

表3.46 工程量清单综合单价分析表

工程名称:某天棚吊顶工程　　　　　　　　标段:　　　　　　　第 页 共 页

项目编码	020302001001	项目名称		天棚吊顶	计量单位		m²

综合单价组成明细

定额编号	定额名称	定额单位	数量	单价/元				合价/元			
				人工费	材料费	机械费	管理费和利润	人工费	材料费	机械费	管理费和利润
3-026	吊件加工、安装	m²	1	4.46	39.35	0.10	12.49	4.46	39.35	0.10	12.49
3-0.92	安装铝塑板面层	m²	1.03	4.14	126.05	—	11.59	4.26	129.83	—	11.94
人工单价		小　计						8.72	169.18	0.10	24.43
25元/工日		未计价材料费						—			
清单项目综合单价								202.43			

（4）编制分部分项工程量清单与计价表,见表3.47。

表3.47 分部分项工程量清单与计价表

工程名称:某天棚吊顶工程　　　　　　　标段:　　　　　　　　第 页 共 页

项目编号	项目名称	项目特征描述	计量单位	工程数量	金额/元		
					综合单价	合价	其中:暂估价
020302001001	块料楼地面	1.吊顶形式:跌级天棚 2.龙骨材料类型、中距:装配式U形轻钢龙骨、面层规格600 mm×600 mm 3.面层材料:铝塑板	m²	44.2	202.43	8 947.41	
		合计				8 947.41	

3.4　门窗工程

3.4.1　门窗工程清单工程量计算相关说明

1. 有关项目列项问题说明

（1）木门窗五金包括折页、插锁、风钩、弓背拉手、搭扣、弹簧折页、管子拉手、地弹簧、滑轮、滑轨、门轧头、铁角、木螺丝等。

（2）铝合金门窗五金包括卡销、滑轮、铰拉、执手、拉把、拉手、风撑、角码、牛角制、地弹簧、门销、门插、门铰等。

（3）其他五金包括 L 形执手锁、地锁、防盗门扣、门眼、门碰珠、电子锁（磁卡锁）、闭门器、装饰拉手等。

（4）门窗框与洞口之间缝的填塞，应包括在报价内。

（5）实木装饰门项目也适用于竹压板装饰门。

（6）转门项目适用于电子感应和人力推动转门。

（7）"特殊五金"项目指贵重五金及业主认为需单独列项的五金配件。

2. 有关项目特征的说明

（1）项目特征中的门窗类型是指带亮子或不带亮子，带纱或不带纱，单扇、双扇或三扇，半百叶或全百叶，半玻或全玻，全玻自由门或半玻自由门，带门框或不带门框，单独门框和开启方式（平开、推拉、折叠）等。

（2）框截面尺寸（或面积）指边立梃截面尺寸或面积。

（3）凡面层材料有品种、规格、品牌、颜色要求的，应在工程量清单中进行描述。

（4）特殊五金名称是指拉手、门锁、窗锁等，用途是指具体使用的门或窗，应在工程量清单中进行描述。

（5）门窗套、贴脸板、筒子板和窗台板项目，包括底层抹灰，如底层抹灰已包括在墙、柱面底层抹灰内，应在工程量清单中进行描述。

3. 有关工程量计算说明

（1）门窗工程量均以樘计算，如遇框架结构的连续长窗也以樘计算，但对连续长窗的扇数和洞口尺寸应在工程量清单中进行描述。

（2）门窗套、门窗贴脸、筒子板以展开面积计算，即指按其铺钉面积计算。

（3）窗帘盒、窗台板，如为弧形时，其长度以中心线计算。

4. 有关工程内容的说明

（1）木门窗的制作应考虑木材的干燥损耗、刨光损耗、下料后备长度、门窗走头增加的体积等。

（2）防护材料分防火、防腐、防虫、防潮、耐磨、耐老化等材料，应根据清单项目要求报价。

3.4.2　门窗工程工程量清单项目设置及工程量计算

1.木门工程量计算

（1）工程量清单项目设置及工程量计算规则。工程量清单项目设置及工程量计算规则见表3.48。

表3.48　木门（编码:020401）

项目编码	项目名称	项目特征	计量单位	工程量计算规则	工程内容
020401001	镶板木门	1.门类型 2.框截面尺寸、单扇面积 3.骨架材料种类 4.面层材料品种、规格、品牌、颜色 5.玻璃品种、厚度、五金材料、品种、规格 6.防护层材料种类 7.油漆品种、刷漆遍数	樘（m²）	按设计图示数量或设计图示洞口尺寸以面积计算	1.门制作、运输、安装 2.五金、玻璃安装 3.刷防护材料、油漆
020401002	企口木板门				
020401003	实木装饰门				
020401004	胶合板门				
020401005	夹板装饰门	1.门类型 2.框截面尺寸、单扇面积 3.骨架材料种类 4.防火材料种类 5.门纱材料品种、规格 6.面层材料品种、规格、品牌、颜色 7.玻璃品种、厚度、五金材料、品种、规格 8.防护材料种类 9.油漆品种、刷漆遍数	樘（m²）	按设计图示数量或设计图示洞口尺寸以面积计算	1.门制作、运输、安装 2.五金、玻璃安装 3.刷防护材料、油漆
020401006	木质防火门				
020401007	木纱门				
020401008	连窗门	1.门窗类型 2.框截面尺寸、单扇面积 3.骨架材料种类 4.面层材料品种、规格、品牌、颜色 5.玻璃品种、厚度、五金材料、品种、规格 6.防护材料种类 7.油漆品种、刷漆遍数	樘（m²）	按设计图示数量或设计图示洞口尺寸以面积计算	1.门制作、运输、安装 2.五金、玻璃安装 3.刷防护材料、油漆

（2）工程量计算示例。

【例3.32】 某工程制作、安装木门扇皮隔声面层门6樘（材料：皮制面层40 mm厚、胶合板5 mm和红榉板）；如图3.33所示，试计算工程量。

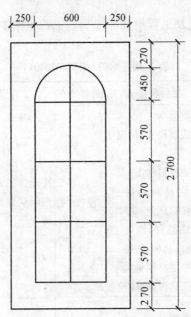

图3.33　木门扇皮制隔声面层门

【解】 根据"装饰装修工程工程量清单项目及计算规则"，清单工程量为：6樘。

2. 金属门工程量计算

（1）工程量清单项目设置及工程量计算规则。工程量清单项目设置及工程量计算规则见表3.49。

表3.49　金属门（编码：020402）

项目编码	项目名称	项目特征	计量单位	工程量计算规则	工程内容
020402001	金属平开门	1. 门类型 2. 框材质、外围尺寸 3. 扇材质、外围尺寸 4. 玻璃品种、厚度、五金材料、品种、规格 5. 防护材料种类 6. 油漆品种、刷漆遍数	樘（m²）	按设计图示数量或设计图示洞口尺寸以面积计算	1. 门制作、运输、安装 2. 五金、玻璃安装 3. 刷防护材料、油漆
020402002	金属推拉门				
020402003	金属地弹门				
020402004	彩板门				
020402005	塑钢门				
020402006	防盗门				
020402007	钢质防火门				

（2）工程量计算示例。

【例3.33】 某房间安装铝合金双扇平开门如图3.34所示，洞口尺寸1 500 mm×2 400 mm，共7樘，试计算工程量。

【解】 根据"装饰装修工程工程量清单项目及计算规则"，清单工程量为7樘。

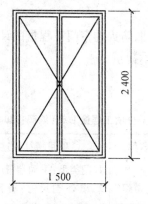

图 3.34 铝合金双扇平开门

3. 金属卷帘门工程量计算

（1）工程量清单项目设置及工程量计算规则。工程量清单项目设置及工程量计算规则见表3.50。

表 3.50 金属卷帘门（编码:020403）

项目编码	项目名称	项目特征	计量单位	工程量计算规则	工程内容
020403001	金属卷闸门	1. 门材质、框外围尺寸 2. 启动装置品种、规格、品牌 3. 五金材料、品种、规格 4. 刷防护材料种类 5. 油漆品种、刷漆遍数	樘(m²)	按设计图示数量或设计图示洞口尺寸以面积计算	1. 门制作、运输、安装 2. 启动装置、五金安装 3. 刷防护材料、油漆
020403002	金属格栅门				
020403003	防火卷帘门				

（2）工程量计算示例。

【例3.34】 某商店安装防火卷帘门共5樘,如图3.35所示,试计算其工程量并编制工程量清单。

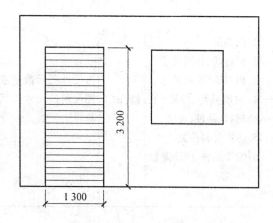

图 3.35 防火卷帘门

【解】

(1)根据清单工程量计算规则,防火卷帘门工程量的计算公式如下:

防火卷帘门工程量=设计图示数量

防火卷帘门工程量=5 樘

(2)工程量清单见表3.51。

表3.51　分部分项工程量清单(编码:0204003003001)

序号	项目编号	项目名称	项目特征描述	计量单位	工程数量
1	020403003001	防水卷帘门	1. 门类型:手动卷帘门 2. 扇外围尺寸:外围尺寸 1 300 mm×3 200 mm	樘	5

4. 其他门工程量计算

(1)工程量清单项目设置及工程量计算规则。工程量清单项目设置及工程量计算规则见表3.52。

表3.52　其他门(编码:020404)

项目编码	项目名称	项目特征	计量单位	工程量计算规则	工程内容
020404001	电子感应门	1. 门材质、品牌、外围尺寸 2. 玻璃品种、厚度、五金材料、品种、规格 3. 电子配件品种、规格、品牌 4. 防护材料种类 5. 油漆品种、刷漆遍数	樘(m²)	按设计图示数量或设计图示洞口尺寸以面积计算	1. 门制作、运输、安装 2. 五金、电子配件安装 3. 刷防护材料油漆
020404002	转门				
020404003	电子对讲门				
020404004	电动伸缩门				
020404005	全玻门 (带扇框)	1. 门类型 2. 框材质、外围尺寸 3. 扇材质、外围尺寸 4. 玻璃品种、厚度、五金材料、品种、规格 5. 防护材料种类 6. 油漆品种、刷漆遍数	樘(m²)	按设计图示数量或设计图示洞口尺寸以面积计算	1. 门制作、运输、安装 2. 五金安装 3. 刷防护材料、油漆
020404006	全玻自由门 (无扇框)				
020404007	半玻门 (带扇框)				
020404008	镜面不锈钢饰面门				1. 门扇骨架及基层制作、运输、安装 2. 包面层 3. 五金安装 4. 刷防护材料

(2)工程量计算示例。

【例3.35】　某楼楼底层商店采用全玻自由门,不带纱窗,如图3.36所示,木材用水曲柳,不刷底油,共计6樘。请计算此商店用全玻自由门清单工程量。

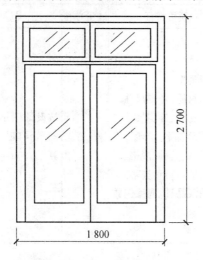

图3.36　某大楼楼底层商店全玻自由门示意图(单位:mm)

【解】　根据"装饰装修工程工程量清单项目及计算规则",清单工程量为6樘。

【例3.36】　已知某营业大厅安装电子感应自动门6樘,如图3.37所示。请计算其工程量并编制工程量清单。

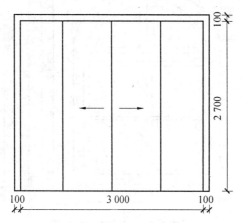

图3.37　电子感应自动门

【解】　根据"装饰装修工程工程量清单项目及计算规则",清单工程量为6樘。

5.木窗工程量计算

(1)工程量清单项目设置及工程量计算规则。工程量清单项目设置及工程量计算规则见表3.53。

表 3.53　木窗(编码:020405)

项目编码	项目名称	项目特征	计量单位	工程量计算规则	工程内容
020405001	木质平开窗	1. 窗类型 2. 框材质、外围尺寸 3. 扇材质、外围尺寸 4. 玻璃品种、厚度、五金材料、品种、规格 5. 防护材料种类 6. 油漆品种、刷漆遍数	樘(m^2)	按设计图示数量或设计图示洞口尺寸以面积计算	1. 窗制作、运输、安装 2. 五金、玻璃安装 3. 刷防护材料、油漆
020405002	木质推拉窗				
020405003	矩形木百叶窗				
020405004	异形木百叶窗				
020405005	木组合窗				
020405006	木天窗				
020405007	矩形木固定窗				
020405008	异形木固定窗				
020405009	装饰空花木窗				

(2)工程量计算示例。

【例 3.37】　某茶馆设计为矩形窗上带半圆形木制固定玻璃窗,制作时刷底油一遍,设计洞口尺寸如图 3.38 所示,共 2 樘,计算半圆形木制固定玻璃窗部分的工程量。

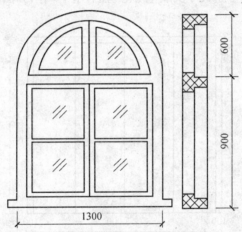

图 3.38　木制固定玻璃窗

【解】　半圆形木制固定玻璃窗部分的工程量计算如下:

异形木固定窗工程量:设计图示数量或设计图示洞口面积×樘数

异形木固定窗工程量/m^2:2 樘或 $2 \times (1.3 \times 0.9 + \pi \times 0.6^2 \times 0.5) = 3.47$

6. 金属窗工程量计算

(1)工程量清单项目设置及工程量计算规则。工程量清单项目设置及工程量计算规则见表 3.54。

表 3.54　金属窗(编码:020406)

项目编码	项目名称	项目特征	计量单位	工程量计算规则	工程内容
020406001	金属推拉窗	1.窗类型 2.框材质、外围尺寸 3.扇材质、外围尺寸 4.玻璃品种、厚度、五金材料、品种、规格 5.防护材料种类 6.油漆品种、刷漆遍数	樘(m²)	按设计图示数量或设计图示洞口尺寸以面积计算	1.窗制作、运输、安装 2.五金、玻璃安装 3.刷防护材料、油漆
020406002	金属平开窗				
020406003	金属固定窗				
020406004	金属百叶窗				
020406005	金属组合窗				
020406006	彩板窗				
020406007	塑钢窗				
020406008	金属防盗窗				
020406009	金属格栅窗				
020406010	特殊五金	1.五金名称、用途 2.五金材料、品种、规格	个(套)	按设计图示数量计算	1.五金安装 2.刷防护材料、油漆

(2)工程量计算示例。

【例3.38】　某住宅安装铝合金防盗窗,如图 3.39 所示,防盗窗尺寸为 2 000 mm× 2 400 mm(9 樘),试计算工程量。

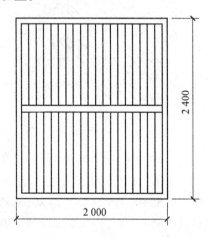

2 400

2 000

图 3.39　铝合金防盗窗

【解】　根据"装饰装修工程工程量清单项目及计算规则",清单工程数量:9 樘。

7.门窗套工程量计算

(1)工程量清单项目设置及工程量计算规则。工程量清单项目设置及工程量计算规则见表3.55。

表 3.55 门窗套(编码:020407)

项目编码	项目名称	项目特征	计量单位	工程量计算规则	工程内容
020407001	木门窗套	1. 底层厚度、砂浆配合比 2. 立筋材料种类、规格 3. 基层材料种类 4. 面层材料品种、规格、品种、品牌、颜色 5. 防护材料种类 6. 油漆品种、刷油遍数	m²	按设计图示尺寸以展开面积开算	1. 清理基层 2. 底层抹灰 3. 立筋制作、安装 4. 基层板安装 5. 面层铺贴 6. 刷防护材料、油漆
020407002	金属门窗套				
020407003	石材门窗套				
020407004	门窗木贴脸				
020407005	硬木筒子板				
020407006	饰面夹板筒子板				

(2)工程量计算示例。

【例 3.39】 某职工楼共有 850 mm×2 000 mm 的门洞 65 樘,若门内外钉贴细木工板门套、贴脸(不带龙骨),榉木夹板贴面,尺寸如图 3.40 所示,试计算此工程门窗木贴脸及榉木筒子板清单工程量。

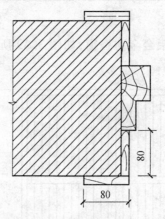

图 3.40 某职工楼门榉木夹板贴面示意图(单位:mm)

【解】根据窗帘盒等细木制品清单工程量计算规则,此工程清单工程量如下:

(1)门窗木贴脸工程量/m²:(0.85+0.08×2+2.0×2)×0.08×2×65=52.10

(2)榉木筒子板工程量/m²:(0.85+2.0×2)×0.08×2×65=50.44

8. 窗帘盒、窗帘轨工程量计算

(1)工程量清单项目设置及工程量计算规则。工程量清单项目设置及工程量计算规则见表 3.56。

表 3.56　窗帘盒、窗帘轨(编码:020408)

项目编码	项目名称	项目特征	计量单位	工程量计算规则	工程内容
020408001	木窗帘盒	1. 窗帘盒材质、规格、颜色 2. 窗帘轨材质、规格 3. 防护材料种类 4. 油漆种类、刷漆遍数	m	按设计图示尺寸以长度计算	1. 制作、运输、安装 2. 刷防护材料、油漆
020408002	饰面夹板、塑料窗帘盒				
020408003	金属窗帘盒				
020408004	窗帘轨				

(2)工程量计算示例。

【例 3.40】　某房间安装不锈钢通长窗帘轨,如图 3.41 所示,窗帘轨实际长度为 3.8 m。请计算其工程量并编制工程量清单。

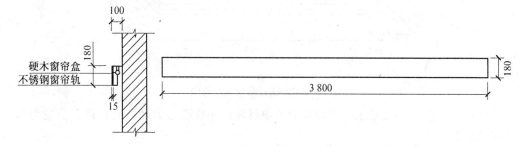

图 3.41　小锈钢面帘轨

【解】

(1)根据清单工程量计算规则,窗帘轨工程量的计算公式如下:

窗帘轨工程量=设计图示尺寸以长度计算

不锈钢窗帘轨工程量=3.8 m

(2)工程量清单见表 3.57。

表 3.57　分部分项工程量清单

序号	项目编号	项目名称	项目特征描述	计量单位	工程数量
1	020408004001	窗帘轨	窗帘轨材质、规格:ϕ19 不锈钢窗帘轨	m	3.8

9. 窗台板工程量计算

(1)工程量清单项目设置及工程量计算规则。工程量清单项目设置及工程量计算规则见表 3.58。

表 3.58　窗台板(编码:020409)

项目编码	项目名称	项目特征	计量单位	工程量计算规则	工程内容
020409001	木窗台板	1. 找平层厚度、砂浆配合比 2. 窗台板材质、规格、颜色 3. 防护材料种类 4. 油漆种类、刷漆遍数	m	按设计图示尺寸以长度计算	1. 基层清理 2. 抹找平层 3. 窗台板制作、安装 4. 刷防护材料、油漆
020409002	铝塑窗台板				
020409003	石材窗台板				
020409004	金属窗台板				

(2)工程量计算示例。

【例 3.41】　如图 3.42 所示为某办公室大理石窗台板,试计算大理石窗台板工程量。

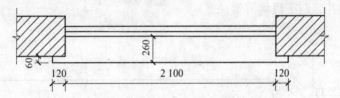

图 3.42　大理石窗台板示意图

【解】　根据"装饰装修工程工程量清单项目及计算规则",大理石窗台板工程量为/m:
2.1+0.12×2＝2.34。

3.4.3　门窗工程基础定额与消耗量定额工程量计算规则

1. 基础定额说明及工程量计算规则

(1)基础定额说明。按《全国统一建筑工程基础定额》执行的项目,其定额说明如下:

1)定额中所用木材均以一二类木材种类为准,如采用三四类木材种类时,分别乘以表 3.59 所示系数。

表 3.59　三四类木材种类调整系数

项目名称	木门窗制作	木门窗安装	其他项目
计算基础	人工和机械台班	人工和机械台班	人工和机械台班
调整系数	1.3	1.16	1.35

2)定额中木材以自然干燥条件下含水率为准编制的,需人工干燥时,其费用可列入木材价格内,由各地区另行确定。

3)定额中所注明的木材断面或厚度均以毛料为准。如设计图纸注明的断面或厚度为净料时,应增加刨光损耗;板、方材一面刨光增加 3 mm;两面刨光增加 5 mm;圆木每立方米材积增加 0.05 m³。

4)定额中木门窗框、扇断面取定如表 3.60 所示。

表3.60　定额中木门窗框、扇断面取定

序号	名　称	规　格
1	无纱镶板门框	60 mm×100 mm
2	有纱镶板门框	60 mm×120 mm
3	无纱窗框	60 mm×90 mm
4	有纱窗框	60 mm×110 mm
5	无纱镶板门扇	45 mm×100 mm
6	有纱镶板门扇	45 mm×100 mm+35 mm×100 mm
7	无纱窗扇	45 mm×60 mm
8	有纱窗扇	45 mm×60 mm+35 mm×60 mm
9	胶合板门扇	38 mm×60 mm

　　定额取定的断面与设计规定不同时,应按比例换算。框断面以边框断面为准(框裁口如为钉条者加贴条的断面);扇料以主梃断面为准。换算公式为

$$\frac{设计断面(加刨光损耗)}{定额断面}×定额材积 \tag{3.1}$$

　　5)保温门的填充料与定额不同时,可以换算,其他工料不变。

　　6)厂库房大门及特种门的钢骨架制作,以钢材重量表示,已包括在定额项目中,不再另列项目计算。

　　7)木门窗不论现场或附属加工厂制作,均执行本定额,现场外制作点至安装地点的运输另行计算。

　　8)铝合金门窗制作兼安装项目,是按施工企业附属加工厂制作编制的。加工厂至现场堆放点的运输,另行计算。

　　9)铝合金卷闸门(包括卷筒、导轨)、彩板组角钢门窗、塑料门窗、钢门窗安装以成品安装编制的。由供应地至现场的运杂费应计入预算价格中。

　　10)玻璃厚度、颜色、密封油膏、软填料,如设计与定额不同时可以调整。

　　11)铝合金门窗、彩板组角钢门窗、塑料门窗和钢门窗成品安装,如每100 m²门窗实际用量超过定额用量1%以上时,可以换算,但人工、机械用量不变。门窗成品包括五金配件在内。

　　12)钢门、钢材含量与定额不同时,钢材用量可以换算,其他不变。

　　(2)基础定额工程量计算规则。按《全国统一建筑工程基础定额》执行的项目,其工程量计算规则如下:

　　1)各类门、窗制作、安装工程量均按门、窗洞口面积计算

　　①门、窗盖口条、贴脸、披水条按图示尺寸以延长米计算,执行木装修项目。

　　②普通窗上部带有半圆窗的工程量应分别按半圆窗和普通窗计算。其分界线以普通窗和半圆窗之间的横框上裁口线为分界线。

　　③门窗扇包镀锌铁皮,按门窗洞口面积以平方米计算;门窗框包镀锌铁皮,钉橡皮条、钉毛毡按图示门窗洞口尺寸以延长米计算。

2)铝合金门窗制作、安装,铝合金、不锈钢门窗、彩板组角钢门窗、塑料门窗、钢门窗安装,均按设计门窗洞口面积计算。

3)卷闸门安装按洞口高度增加600 mm乘以门实际宽度以平方米计算。电动装置安装以套计算,小门安装以个计算。

4)不锈钢板包门框按框外表面面积以平方米计算;彩板组角钢门窗附框安装按延长米。

2.消耗量定额说明及工程量计算规则

(1)消耗量定额说明。按《全国统一建筑装饰装修工消耗量定额》执行的项目,其定额说明如下:

1)铝合金门窗制作、安装项目不分现场或施工企业附属加工厂制作,均执行本定额。

2)铝合金地弹门制作型材(框料)按101.6 mm×44.5 mm、厚1.5 mm方管制定,单扇平开门、双扇平开窗按38系列制定,推拉窗按90系列(厚1.5 mm)制定。如实际采用的型材断面及厚度与定额取定规格不符者,可按图示尺寸乘以密度加6%的施工耗损计算型材重量。

3)装饰板门扇制作安装按木龙骨、基层、饰面板面层分别计算。

4)成品门窗安装项目中,门窗附件按包含在成品门窗单价内考虑;铝合金门窗制作、安装项目中未含五金配件,五金配件按本章附表选用。

(2)消耗量定额工程量计算规则。按《全国统一建筑装饰装修工消耗量定额》执行的项目,其工程量计算规则如下:

1)铝合金门窗、彩板组角门窗、塑钢门窗安装均按洞口面积以平方米进行计算。纱扇制作安装按扇外围面积计算。

2)卷闸门安装按其安装高度乘以门的实际宽度以平方米计算。安装高度算至滚筒顶点为准。带卷闸罩的按展开面积增加。电动装置安装以套计算,小门安装以个计算,小门面积不扣除。

3)防盗门、防盗窗、不锈钢格栅门按框外围面积以平方米计算。

4)成品防火门以框外围面积计算,防火卷帘门从地(楼)面算至端板顶点乘以设计宽度。

5)实木门框制作安装以延长米计算。实木门扇制作安装及装饰门扇制作按扇外围面积计算。装饰门扇及成品门扇安装按扇计算。

6)木门扇皮制隔声面层和装饰板隔声面层,按单面面积计算。

7)不锈钢板包门框、门窗套、花岗岩门套、门窗筒子板按展开面积计算。门窗贴脸、窗帘盒、窗帘轨以延长米计算。

8)窗台板以实铺面积计算。

9)电子感应门及转门按定额尺寸以樘计算。

10)不锈钢电动伸缩门以樘计算

3.4.4　门窗工程工程量清单计价综合实例

【例3.42】　某工程有两樘卷闸门,如图3.43所示,卷闸门宽为4 000 mm,安装于洞口高3 200 mm的车库门口,提升装置为电动。编制其分部分项工程量综合单价分析表及分部分项工程量清单与计价表。

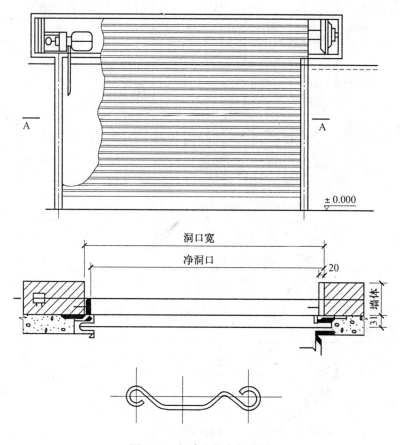

图 3.43　铝合金卷帘门简图

【解】

（1）清单工程量计算，根据"装饰装修工程工程量清单项目及计算规则"，清单工程数量：2 樘。

（2）消耗量定额工程量。

1）铝合金卷闸门工程量/m^2：

$$3.2 \times 4 \times 2 = 25.6$$

2）电动装置：2 套

3）计算清单项目每计量单位应包含的各项工程内容的工程数量：

①铝合金卷闸门：$25.6 \div 2 = 12.8$

②电动装置：$2 \div 2 = 1$

（3）编制工程量清单综合单价分析表。根据企业情况确定管理费率170%，利润率110%，计费基础为人工费。工程量清单综合单价分析表见表3.61。

表 3.61 工程量清单综合单价分析表

工程名称:铝合金卷帘门安装工程　　　　　　标段:　　　　　　第　页 共　页

| 项目编码 | 020403001001 | 项目名称 | 金属卷闸门 | 计量单位 | 樘 |

综合单价组成明细

定额编号	定额名称	定额单位	数量	单价/元				合价/元			
				人工费	材料费	机械费	管理费和利润	人工费	材料费	机械费	管理费和利润
6-91	铝合金卷闸门	m²	12.8	26.53	236.91	10.90	74.28	339.58	3 032.45	139.52	950.78
6-94	电动装置	套	1	69.51	3 216.92	100.47	194.63	69.51	3 216.92	100.47	194.63
人工单价		小　计						409.09	6 249.39	239.99	1 145.41
25 元/工日		未计价材料费						—			
		清单项目综合单价						8 043.86			

(4)编制分部分项工程量清单与计价表,见表 3.62。

表 3.62 分部分项工程量清单与计价表

工程名称:铝合金卷帘门安装工程　　　　　　标段:　　　　　　第　页 共　页

项目编号	项目名称	项目特征描述	计量单位	工程数量	金额/元		
					综合单价	合价	其中:暂估价
020403001001	金属卷闸门	1. 铝合金卷闸门 2. 框外围尺寸为 4 m×3.2 m 3. 启动装置为电动	樘	2	8 043.86	16 087.72	
		合计				16 087.72	

【例 3.43】 某会议室安装铝合金门窗,门为单扇地弹簧门,带上亮洞口尺寸为 2 500 mm×1 000 mm(14 樘),窗为带上亮双扇推拉窗洞口尺寸为 2 200 mm×1 800 mm(10 樘),如图 3.44 所示,编制其分部分项工程量综合单价分析表及分部分项工程量清单与计价表。

【解】

(1)地弹门。

1)清单工程量。

地弹门清单工程量为 14 樘。

2)消耗量定额工程量。

①根据"消耗量定额"计算单位和计算规则,每樘地弹门的工程量/m²:2.5×1=2.5

②计算单位清单项目每计量单位应包含的各项工程内容的工程数量:

安装铝合金单扇地弹簧门工程数量:2.5÷14=0.16

3)编制工程量清单综合单价分析表。根据企业情况确定管理费率 170%,利润率

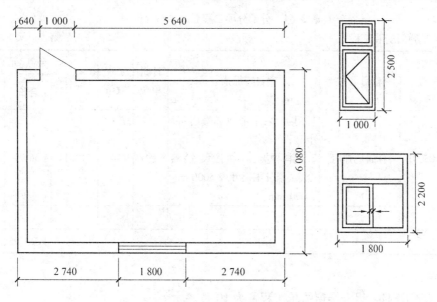

图 3.44　某会议室铝合金门窗

110%,计费基础为人工费。工程量清单综合单价分析表见表3.63。

表3.63　工程量清单综合单价分析表

工程名称:地弹门安装工程　　　　　　　　标段:　　　　　　　　　　　第　页共　页

项目编码	020402003001	项目名称	块料楼地面	计量单位	m²

综合单价组成明细

定额编号	定额名称	定额单位	数量	单价/元				合价/元			
				人工费	材料费	机械费	管理费和利润	人工费	材料费	机械费	管理费和利润
4-002	金属地弹簧门	m²	0.16	61.26	465.34	2.79	171.53	9.8	74.45	0.45	27.44
人工单价	小　　计							9.8	74.45	0.45	27.44
25 元/工日	未计价材料费							—			
清单项目综合单价								112.14			

4)编制分部分项工程量清单与计价表,见表3.64。

表3.64　分部分项工程量清单与计价表

工程名称:地弹门安装工程　　　　　　　　标段:　　　　　　　　　　第　　页　共　　页

项目编号	项目名称	项目特征描述	计量单位	工程数量	金额/元		其中:暂估价
					综合单价	合价	
020402003001	金属地弹门	1.门类型:单扇地弹簧门,带上亮; 2.材料种类及扇外围尺寸:铝合金、扇外围尺寸:2 500 mm×1 000 mm	樘	14	112.14	1 569.96	
合计						1 569.96	

(2)铝合金窗。

1)清单工程量,铝合金窗清单工程量为10樘。

2)消耗量定额工程量。

①根据"消耗量定额"计算单位和计算规则,铝合金推拉窗每樘工程量/m²:2.2×1.8=3.96

②计算单位清单项目每计量单位应包含的各项工程内容的工程数量:铝合金推拉窗安装:3.96÷10=0.4

3)编制工程量清单综合单价分析表。根据企业情况确定管理费率170%,利润率110%,计费基础为人工费。工程量清单综合单价分析表见表3.65。

表3.65　工程量清单综合单价分析表

工程名称:铝合金门窗安装工程　　　　　　标段:　　　　　　　　　　第　　页　共　　页

项目编码	020406006001	项目名称	块料楼地面	计量单位	樘

综合单价组成明细

定额编号	定额名称	定额单位	数量	单价/元				合价/元			
				人工费	材料费	机械费	管理费和利润	人工费	材料费	机械费	管理费和利润
4-020	制作:型材矫正、放样、切割组装 安装:现场半圆、安装、校正框扇、按玻璃	m²	0.4	110.41	1 137.46	5.37	309.15	44.16	454.98	2.15	123.66
人工单价		小　计						44.16	454.98	2.15	123.66
25 元/工日		未计价材料费						—			
清单项目综合单价								624.95			

(4)编制分部分项工程量清单与计价表,见表3.66。

表 3.66　分部分项工程量清单与计价表

工程名称:铝合金门窗安装工程　　　　　　　　标段:　　　　　　　　　第　页 共　页

项目编号	项目名称	项目特征描述	计量单位	工程数量	综合单价	合价	其中:暂估价
020406006001	金属推拉窗	1.窗类型:双扇推拉窗,带上亮 2.材料种类及扇外围尺寸:铝合金、扇外围尺寸:2 200 × 1 800 mm	樘	14	112.14	1 569.96	
合计						6 249.5	

3.5　油漆、涂料、裱糊工程

3.5.1　油漆、涂料、裱糊工程清单工程量计算相关说明

1. 有关项目列项问题说明

(1)有关项目中已包括油漆、涂料的不再单独列项。

(2)连窗门可按门油漆项目编码列项。

(3)木扶手应区分带托板与不带托板,分别编码(第五级编码)列项。

2. 有关工程特征的说明

(1)门类型分镶板门、木板门、胶合板门、装饰实木门、木纱门、木质防火门、连窗门、平开门、推拉门、单扇门、双扇门、带纱门、全玻门(带木扇框)、半玻门、半百叶门、全百叶门以及带亮子、不带亮子、有门框、无门框和单独门框等油漆。

(2)窗类型分平开窗、推拉窗、提拉窗、固定窗、空花窗、百叶窗以及单扇窗、双扇窗、多扇窗、单层窗、双层窗、带亮子、不带亮子等。

(3)腻子种类分石膏油腻子(熟桐油、石膏粉、适量水)、胶腻子(大白、色粉、羧甲基纤维素)、漆片腻子(漆片、酒精、石膏粉、适量色粉)、油腻子(矾石粉、桐油、脂肪酸、松香)等。

(4)刮腻子要求,分刮腻子遍数(道数)或满刮腻子或找补腻子等。

3. 有关工程量计算说明

(1)楼梯木扶手工程量按中心线斜长计算,弯头长度应计算在扶手长度之内。

(2)挡风板工程量按中心线斜长计算,有大刀头的每个大刀头增加长度 50 cm。

(3)木板、纤维板、胶合板油漆,单面油漆按单面面积计算,双面油漆按双面面积进行计算。

(4)木护墙、木墙裙油漆按垂直投影面积计算。

(5)台板、筒子板、盖板、门窗套、踢脚线油漆按水平或垂直投影面积(门窗套的贴脸板和筒子板垂直投影面积合并)计算。

(6)清水板条顶棚、檐口油漆、木方格吊顶顶棚以水平投影面积计算,不扣除空洞面积。

(7)暖气罩油漆,垂直面按垂直投影面积计算,突出墙面的水平面按水平投影面积计算,不扣除空洞面积。

(8)工程量以面积计算的油漆、涂料项目,线角、线条、压条等不展开。

4.有关工程内容的说明

(1)有线角、线条、压条的油漆,涂料面的工料消耗应包括在报价内。

(2)灰面的油漆、涂料应注意基层的类型,如一般抹灰墙柱面与拉条灰、拉毛灰、甩毛灰等油漆、涂料的耗工量与材料消耗量的不同。

(3)空花格、栏杆刷涂料工程量按外框单面垂直投影面积计算,应注意其展开面积,工料消耗应包括在报价内。

(4)刮腻子应注意刮腻子遍数,是满刮,还是找补腻子。

(5)墙纸和织锦缎的裱糊应注意要求对花还是不对花。

3.5.2　油漆、涂料、裱糊工程工程量清单项目设置及工程量计算

1.门油漆、窗油漆、木扶手及其他板条油漆工程量计算

(1)工程量清单项目设置及工程量计算规则。

1)门油漆。工程量清单项目设置及工程量计算规则见表3.67。

表 3.67　门油漆(编码:020501)

项目编码	项目名称	项目特征	计量单位	工程量计算规则	工程内容
020501001	门油漆	1. 门类型 2. 腻子种类 3. 刮腻子要求 4. 防护材料种类 5. 油漆品种、刷漆遍数	樘(m²)	按设计图示数量或设计图示单面洞口面积计算	1. 基层清理 2. 刮腻子 3. 刷防护材料、油漆

2)窗油漆。工程量清单项目设置及工程量计算规则见表3.68。

表 3.68　窗油漆(编码:020502)

项目编码	项目名称	项目特征	计量单位	工程量计算规则	工程内容
020502001	窗油漆	1. 窗类型 2. 腻子种类 3. 刮腻子要求 4. 防护材料种类 5. 油漆品种、刷漆遍数	樘(m²)	按设计图示数量或设计图示单面洞口面积计算	1. 基层清理 2. 刮腻子 3. 刷防护材料、油漆

3)木扶手及其他板条油漆。工程量清单项目设置及工程量计算规则见表3.69。

表 3.69 木扶手及其他板条线条油漆(编码:020503)

项目编码	项目名称	项目特征	计量单位	工程量计算规则	工程内容
020503001	木扶手油漆	1. 腻子种类 2. 刮腻子要求 3. 油漆体单位展开面积 4. 油漆部位长度 5. 防护材料种类 6. 油漆品种、刷漆遍数	m	按设计图示尺寸以长度计算	1. 基层清理 2. 刮腻子 3. 刷防护材料、油漆
020503002	窗帘盒油漆				
020503003	封檐板、顺水板油漆				
020503004	挂衣板、黑板框油漆				
020503005	挂镜线、窗帘棍、单独木线油漆				

(2)工程量计算示例。

【例3.44】 某全玻自由门,尺寸如图 3.45 所示,油漆为底油一遍,调合漆三遍,共计 20 樘,计算油漆工程量。

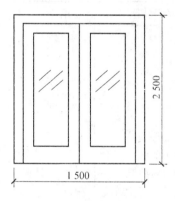

图 3.45 某全玻自由门

【解】 门油漆工程量:设计图示数量或设计图示洞口尺寸面积

则:油漆工程量/m²:20 樘或 1.5×2.5×20=75

此处注意:工程量清单中凡门窗项目均已包括油漆,所以不再重复列项。

【例3.45】 某建筑工程如图 3.46 所示,内墙抹灰面满刮腻子两遍,贴对花墙纸;挂镜线刷底油一遍,调和漆两遍;挂镜线以上及天棚刷仿瓷涂料两遍,计算工程量。

【解】

(1)墙面贴对花墙纸工程量/m²:

(9.8−0.24+6.50−0.24)×2×(3.00−0.15)−1.20×(2.50−0.15)−2.20×1.50+[1.40+(2.50−0.15)×2+(2.20+1.50)×2]×0.12=85.67

(2)挂镜线油漆工程量/m²:

(9.8−0.24+6.50−0.24)×2=31.64

(3)仿瓷涂料工程量/m²:

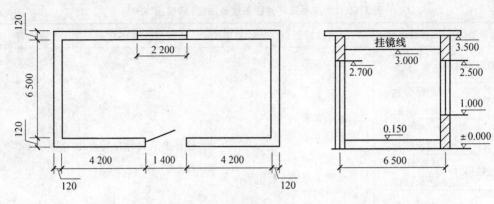

图 3.46　某建筑工程示意图

$$(9.8-0.24+6.50-0.24)\times 2\times 0.50+(9.8-0.24+6.50-0.24)=31.64$$

2．木材面油漆、金属面油漆及抹灰面油漆工程量计算

（1）工程量清单项目设置及工程量计算规则。

1）木材面油漆。工程量清单项目设置及工程量计算规则见表3.70。

表 3.70　木材面油漆（编码:020504）

项目编码	项目名称	项目特征	计量单位	工程量计算规则	工程内容
020504001	木板、纤维板、胶合板油漆	1. 腻子种类 2. 刮腻子要求 3. 防护材料种类 4. 油漆品种、刷漆遍数	m²	按设计图示尺寸以面积计算	1. 基层清理 2. 刮腻子 3. 刷防护材料、油漆
020504002	木护墙、木墙裙油漆				
020504003	窗台板、筒子板、盖板、门窗套、踢脚线油漆				
020504004	清水板条天棚、檐口油漆				
020504005	木方格吊顶天棚油漆				
020504006	吸音板墙面、天棚面油漆				
020504007	暖气罩油漆				

续表 3.70

项目编码	项目名称	项目特征	计量单位	工程量计算规则	工程内容
020504008	木间壁、木隔断油漆	1.腻子种类 2.刮腻子要求 3.防护材料种类 4.油漆品种、刷漆遍数	m²	按设计图示尺寸以单面外围面积计算	1.基层清理 2.刮腻子 3.刷防护材料、油漆
020504009	玻璃间壁露明墙筋油漆				
020504010	木栅栏、木栏杆(带扶手)油漆				
020504011	衣柜、壁柜油漆				
020504012	梁柱饰面油漆				
020504013	零星木装修油漆				
020504014	木地板油漆				
020504015	木地板烫硬蜡面	1.硬蜡品种 2.面层处理要求	m²	按设计图示尺寸以面积计算。空洞、空圈、暖气包槽、壁龛的开口部分并入相应的工程量内	1.基层清理 2.烫蜡

2)金属面油漆。工程量清单项目设置及工程量计算规则见表 3.71。

表 3.71　金属面油漆(编码:020505)

项目编码	项目名称	项目特征	计量单位	工程量计算规则	工程内容
020505001	金属面油漆	1.腻子各类 2.刮腻子要求 3.防护材料种类 4.油漆品种、刷漆遍数	t	按设计图示尺寸以质量计算	1.基层清理 2.刮腻子 3.刷防护材料、油漆

3)抹灰面油漆。工程量清单项目设置及工程量计算规则见表 3.72。

表 3.72　抹灰面油漆(编码:020506)

项目编码	项目名称	项目特征	计量单位	工程量计算规则	工程内容
020506001	抹灰面油漆	1.基层类型 2.线条宽度、道数 3.腻子种类	m²	按设计图示尺寸以面积计算	1.基层清理 2.刮腻子 3.刷防护材料、油漆
020506002	抹灰线条油漆	4.刮腻子要求 5.防护材料种类 6.油漆品种、刷漆遍数	m	按设计图示尺寸以长度计算	

(2)工程量计算示例。

【例 3.46】　某房间做榉木板面层窗台面,做法:木龙骨、细木工板面榉木板,木龙骨、细木工板基层刷防火涂料,榉木板面层刷清漆,防火涂料两遍,清漆 4 遍磨退出亮,如图 3.47

所示,试计算其工程量并编制工程量清单。

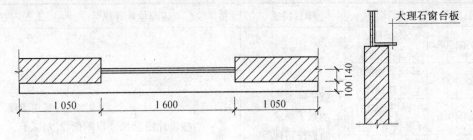

图 3.47　某房间面层窗台板

【解】

(1)根据清单工程量计算规则,窗台板工程量的计算公式如下:

窗台板工程量=设计图示尺寸以长度计算

榉木板窗台板工程量/m:1.05+1.05+1.6=3.7

(2)根据清单工程量计算规则,木材面油漆工程量的计算公式如下:

木材面油漆工程量=设计图示尺寸以面积计算

木材面油漆工程量/m²:0.14×1.6+0.1×3.7=0.594

(3)分部分项工程量清单见表3.73。

表3.73　分部分项工程量清单

序号	项目编号	项目名称	项目特征描述	计量单位	工程数量
1	020409001001	榉木板窗台板	1. 基层:木龙骨、细木工板 2. 面层:榉木板 3. 防护层:木龙骨、细木工板刷防火涂料2遍 4. 油漆:面层板刷清漆4遍	m	3.7
2	020504003001	窗台板油漆	1. 面层:刷清漆4遍 2. 基层:刷防火涂料	m²	0.594

【例3.47】　某住宅房间木墙裙高1.5 m,窗台高1.0 m,窗洞侧涂油漆100 mm宽,如图3.48所示。请计算此墙裙油漆工程量。

【解】　根据门窗、木扶手及木材面油漆工程清单工程量计算规则,工程量 m²:

$$[(5.26-0.24×2)×2+(3.26-0.24×2)×2]×1.5-[1.5×(1.5-1.0)+0.9×1.5]+(1.5-1.0)×0.1×2=22.68-2.1+0.1=20.68$$

3.喷塑、涂料、花饰、线条刷涂料及裱糊工程量计算

(1)工程量清单项目设置及工程量计算规则。

1)喷塑、涂料。工程量清单项目设置及工程量计算规则见表3.74。

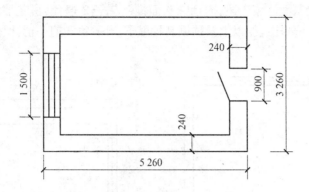

图 3.48　某住宅房间木墙裙示意图(单位:mm)

表 3.74　喷塑、涂料(编码:020507)

项目编码	项目名称	项目特征	计量单位	工程量计算规则	工程内容
020507001	刷、喷涂料	1. 基层类型 2. 腻子种类 3. 刮腻子要求 4. 涂料品种、刷喷遍数	m²	按设计图示尺寸以面积计算	1. 基层清理 2. 刮腻子 3. 刷、喷涂料

2)花饰、线条刷涂料。工程量清单项目设置及工程量计算规则见表 3.75。

表 3.75　花饰、线条刷涂料(编码:020508)

项目编码	项目名称	项目特征	计量单位	工程量计算规则	工程内容
020508001	空花格、栏杆刷涂料	1. 腻子种类 2. 线条宽度	m²	按设计图示尺寸以单面外围面积计算	1. 基层清理 2. 刮腻子 3. 刷、喷涂料
020508002	线条刷涂料	3. 刮腻子要求 4. 涂料品种、刷喷遍数	m	按设计图示尺寸以长度计算	

3)裱糊。工程量清单项目设置及工程量计算规则见表 3.76。

表 3.76　裱糊(编码:020509)

项目编码	项目名称	项目特征	计量单位	工程量计算规则	工程内容
020509001	墙纸裱糊	1. 基层类型 2. 裱糊构件部位 3. 腻产种类 4. 刮腻子要求 5. 黏结材料种类 6. 防护材料种类 7. 面层材料品种、规格、品牌、颜色	m²	按设计图示尺寸以面积计算	1. 基层清理 2. 刮腻子 3. 面层铺黏 4. 刷防护材料
020509002	织锦缎裱糊				

(2)工程量计算示例。

【例 3.48】　某工程构造如图 3.49 所示,门窗居中安装,门窗框厚均为 80 mm。木踢脚润油粉,满刮腻子,聚氨酯清漆 3 遍;内墙抹灰面满刮腻子 2 遍,贴拼花墙纸;挂镜线底油 1 遍,刮腻子,调和漆 3 遍;挂镜线以上及顶棚满批腻子,乳胶漆 3 遍。请计算其油漆及裱糊工程量。

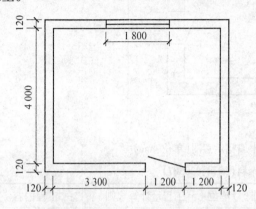 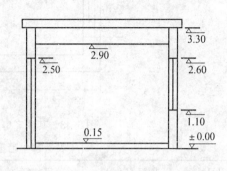

图 3.49 某工程构造示意图

【解】

(1)根据清单工程量计算规则,木踢脚线项目中已包括油漆,所以不另计算。

墙纸裱糊工程量的计算公式如下:

墙纸裱糊工程量=主墙间净长×墙纸净高−门窗洞口+门窗洞侧壁

墙纸裱糊工程量/m²:$(3.3+1.2+1.2-0.24+4-0.24)×2×(2.9-0.15)-1.2×(2.5-0.15)-1.8×(2.6-1.1)+[1.2+(2.5-0.15)×2+(1.8+1.5)×2]×(0.24-0.08)/2=46.19$

(2)根据清单工程量计算规则,挂镜线油漆工程量的计算公式如下:

挂镜线油漆工程量=设计图示长度=内墙周长

挂镜线油漆工程量/m:$(5.7-0.24+4-0.24)×2=18.44$

(3)根据清单工程量计算规则,刷喷涂料工程量的计算公式如下:

刷喷涂料工程量:墙面工程量+顶棚工程量=内墙周长×涂料高+主墙间净长×主墙间净宽

刷喷涂料工程量/m²:$(5.7-0.24+4-0.24)×2×(3.3-2.9)+(5.7-0.24)×(4-0.24)=27.91$

3.5.3 油漆、涂料、裱糊工程基础定额与消耗量定额工程量计算规则

1.基础定额说明及工程量计算规则

(1)基础定额说明。按《全国统一建筑工程基础定额》执行的项目,其定额说明如下:

1)油漆、涂料、裱糊工程定额包括木材面油漆、金属面油漆、抹灰面及其他油漆、防火涂料 4 节共 433 个子目。

2)衣柜、壁柜的油漆指露明部分,内侧油漆按设计要求执行相应定额子目。

3)踢脚板油漆根据做法执行墙面相应定额子目。

4)金属结构喷刷防火涂料,不包括刷防锈漆。

5)抹灰面油漆不分部位均按其油漆品种执行相应定额子目。

6)拉毛面油漆,设计油漆品种和定额不同时,单价可以换算。

(2)基础定额工程量计算规则。按《全国统一建筑工程基础定额》执行的项目,其工程

量计算规则如下:

1)单层门窗按框外围面积以平方米计算。

2)其他木材面按图示尺寸以平方米计算。

3)木屋架按下列公式以平方米计算,即

$$跨度 \times 中高 \times \frac{1}{2} \qquad (3.2)$$

4)零星木材面油漆按图示展开面积以平方米计算。

5)木扶手、窗帘盒、封檐板、顺水板、黑板框、挂镜线等均按图示尺寸以米计算。

6)木地板、木踢脚线按图示尺寸以平方米计算,木梯按水平投影面积以平方米计算。

7)钢木混合门、防射线门、钢折叠门、铁丝网大门按图示尺寸以平方米计算。

8)天沟、檐沟、泛水、金属缝盖板按图示展开面积以平方米计算,见表3.77,暖气罩按垂直投影面积以平方米计算。

表 3.77　镀锌铁皮零件单位面积计算表

名称	单位	沿沟	天沟	斜沟	烟囱泛水	白铁滴水	天窗窗台泛水	天窗侧面泛水	白铁滴水沿头	下水口	水斗	透气管泛水	漏斗
		米								个			
镀锌铁皮排水	m²	0.3	1.3	0.9	0.8	0.11	0.5	0.7	0.24	0.45	0.4	0.22	0.16

9)金属屋架(包括支撑、檩条)、天窗架、梁、柱、空花构件、平台、操作台、车挡、钢梯、制动架、设备支架、其他铁件等以t计算。

10)各种抹灰面油漆均按图示尺寸以平方米计算。

11)金属结构防火涂料按构件的展开面积以平方米计算,见表3.78;木材面、混凝土面防火涂料按图示尺寸以平方米计算。

表 3.78　金属构件单位面积计算表

名称	单位	钢屋架支撑檩条	钢梁柱	钢墙架	平台操作台	钢栅栏门栏杆	钢梯	零星铁件	球形网架
		t							
面积	m²	38	33	19	27	65	45	50	28

12)木基层防火漆按面层图示尺寸以平方米计算;木基层其他油漆按实刷面积以平方米计算。

13)木栅栏、木栏杆按图示垂直投影面积以平方米计算。

2.消耗量定额说明及工程量计算规则

(1)消耗量定额说明。按《全国统一建筑装饰装修工消耗量定额》执行的项目,其定额说明如下:

1)本定额刷涂、刷油采用手工操作;喷塑、喷涂采用机械操作。操作方法不同时,不予调整。

2)油漆浅、中、深各种颜色,已综合在定额内,颜色不同,不另调整。

3)本定额在同一平面上的分色及门窗内外分色已综合考虑。如需做美术图案者,另行计算。

4)定额内规定的喷、涂、刷遍数与要求不同时,可按每增加一遍定额项目进行调整。

5)喷塑(一塑三油)、底油、装饰漆、面油,其规格划分如下。

①大压花:喷点压平、点面积在 1.2 cm² 以上。

②中压花:喷点压平、点面积在 1～1.2 cm²。

③喷中点、幼点:喷点面积在 1 cm² 以下。

6)定额中的双层木门窗(单裁口)是指双层框扇。三层二玻一纱窗是指双层框三层扇。

7)定额中的单层木门刷油是按双面刷油考虑的,如采用单面刷油,其定额含量乘以系数 0.49 计算。

8)定额中的木扶手油漆为不带托板考虑。

(2)消耗量定额工程量计算规则。按《全国统一建筑装饰装修工消耗量定额》执行的项目,其工程量计算规则如下:

1)楼地面、天棚、墙、柱、梁面的喷(刷)涂料、抹灰面油漆及裱糊工程,均按表 3.79～3.83 相应的计算规则计算。

2)木材面的工程量分别按表 3.79～3.83 相应的计算规则计算。

表 3.79　执行木门定额工程量系数表

项目名称	系数	工程量计算方法
单层木门	1.00	
双层(一玻一纱)木门	1.36	
双层(单裁口)木门	2.00	按单面洞口面积计算
单层全玻门	0.83	
木百叶门	1.25	

表 3.80　执行木窗定额工程量系数表

项目名称	系数	工程量计算方法
单层玻璃窗	1.00	
双层(一玻一纱)木窗	1.36	
双层框扇(单裁口)木窗	2.00	
双层框三层(二玻一纱)木窗	2.60	按单面洞口面积计算
单层组合窗	0.83	
双层组合空	1.13	
木百叶窗	1.50	

表 3.81　执行木扶手定额工程量系数表

项目名称	系数	工程量计算方法
木扶手(不带托板)	1.00	按延长米计算
木扶手(带托板)	2.60	
窗帘盒	2.04	
封檐板、顺水板	1.74	
挂衣板、黑板框、单独木线条100 mm 以外	0.52	
挂镜线、窗帘棍、单独木100 mm 以内	0.35	

表 3.82　执行其他木材面定额工程量系数

项目名称	系数	工程量计算方法
木板、纤维板、胶合板天棚	1.00	长×宽
木护墙、木墙裙	1.00	
窗帘板、筒子板、盖板、门窗套、踢脚线	1.00	
清水板条天棚、檐口	1.07	
木方格吊顶天棚	1.20	
吸音板墙面、天棚面	0.87	
暖气罩	1.28	
木间壁、木隔断	1.90	单面外圈面积
玻璃间壁露明墙筋	1.65	
木栅栏、木栏杆(带扶手)	1.82	
衣柜、壁柜	1.00	按实刷展开面积
零星木装修	1.10	展开面积
梁柱饰面	1.00	

表 3.83　抹灰面油漆、涂料、裱糊工程量系数表

项目名称	系数	工程量计算方法
混凝土楼梯底(板式)	1.15	水平投影面积
混凝土楼梯底(梁式)	1.00	展开面积
混凝土花格窗、栏杆花饰	1.82	单面外围面积
楼地面、天棚、墙、柱、梁面	1.00	展开面积

注:本表为抹灰面油漆、涂料、裱糊。

3)金属构件油漆的工程量按构件重量计算。

4)定额中的隔断、护壁、柱、天棚木龙骨及木地板中木龙骨带毛地板,刷防火涂料工程量计算规则如下:

①隔墙、护壁木龙骨按面层正立面投影面积计算。

②柱木龙骨按其面层外围面积计算。

③天棚木龙骨按其水平投影面积计算。

④木地板中木龙骨及木龙骨带毛地板按地板面积计算。

⑤隔墙、护壁、柱、天棚面层及木地板刷防火涂料,执行其他木材刷防火涂料子目。

⑥木楼梯(不包括底面)油漆,按水平投影面积乘以2.3系数,执行木地板相应子目。

3.5.4 油漆、涂料、裱糊工程工程量清单计价综合实例

【**例3.49**】 某宾馆安装实木门扇18樘,如图3.50所示,门扇面层刷亚光面漆(做法底油、刮腻子、漆片两遍、聚氨酯清漆两遍、亚光面漆两遍);编制其分部分项工程量综合单价分析表及分部分项工程量清单与计价表。

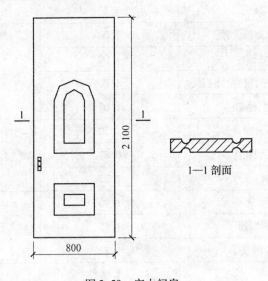

图3.50 实木门扇

【**解**】

1.实木门扇安装

(1)清单工程量。实木门扇清单工程量:18 樘。

(2)消耗量定额工程量。

1)根据"消耗量定额"计算规则,计算工程量。

单扇门的工程量/m²:0.8×2.1=1.68

2)计算清单项目每计量单位应包含的各项工程内容的工程数量。

木门制作安装:1.68÷18=0.093

(3)编制工程量清单综合单价分析表。根据企业情况确定管理费率170%,利润率110%,计费基础为人工费。工程量清单综合单价分析表见表3.84。

表 3.84　工程量清单综合单价分析表

工程名称:木门安装工程　　　　　　　标段:　　　　　　　　第　页　共　页

项目编码	020401003001	项目名称	实木装饰门制作安装	计量单位	樘

综合单价组成明细

定额编号	定额名称	定额单位	数量	单价/元				合价/元			
				人工费	材料费	机械费	管理费和利润	人工费	材料费	机械费	管理费和利润
4-055	实木门制作、安装等全部操作过程	m²	0.093	37.75	74.7	—	105.7	3.51	6.95	—	9.83
人工单价		小　计						3.51	6.95	—	9.83
25 元/工日		未计价材料费						—			
清单项目综合单价								20.29			

(4)编制分部分项工程量清单与计价见表 3.85。

表 3.85　分部分项工程量清单与计价表

工程名称:木门安装工程　　　　　　　标段:　　　　　　　　第　页　共　页

项目编号	项目名称	项目特征描述	计量单位	工程数量	金额/元		
					综合单价	合价	其中:暂估价
020401003001	实木装饰门制作安装	1.门类型 2.材料种类及扇外围尺寸:红松硬木锯材 800 mm×2 100 mm	樘	18	20.29	365.22	
合计						365.22	

2.门油漆

(1)清单工程量。门油漆清单工程量:18 樘。

(2)消耗量定额工程量。

1)根据"消耗量定额"计量单位和计算规则,计算工程量:

单扇门刷油漆的工程量/m²:0.8×2.1=1.68

2)计算清单项目每计量单位垃包含的各项工程内容的工程数量:

木门制作安装:1.68÷18=0.093

(3)编制工程量清单综合单价分析表。根据企业情况确定管理费率 170%,利润率110%,计费基础为人工费。工程量清单综合单价分析表见表 3.86。

表 3.86　工程量清单综合单价分析表

工程名称:门油漆工程　　　　　　　标段:　　　　　　　　　　第　页　共　页

项目编码	020501001001	项目名称	实木门油漆	计量单位	樘

综合单价组成明细

定额编号	定额名称	定额单位	数量	单价/元				合价/元			
				人工费	材料费	机械费	管理费和利润	人工费	材料费	机械费	管理费和利润
5-137	清扫、刷底油、打磨、刷腻子、修色、刷油等	m²	0.093	22.09	54.83	—	61.85	2.05	5.1	—	5.75
人工单价		小　计						2.05	5.1	—	5.75
25 元/工日		未计价材料费						—			
清单项目综合单价								12.9			

(4)编制分部分项工程量清单与计价表,见表 3.87。

表 3.87　编制分部分项工程量清单与计价表

工程名称:门油漆工程　　　　　　　标段:　　　　　　　　　　第　页　共　页

项目编号	项目名称	项目特征描述	计量单位	工程数量	金额/元		
					综合单价	合价	其中:暂估价
020501001001	实木门油漆	1.基层类型:实木有凹凸装饰门 2.油漆种类刷油要求;亚光面漆;底油、刮腻子、漆片两遍、聚氨柱费清漆两遍	樘	18	12.9	232.2	
合计						232.2	

3.6　其他工程

3.6.1　其他工程清单工程量计算相关说明

1.有关项目列项的说明

(1)厨房壁柜和厨房吊柜以嵌入墙内为壁柜,以支架固定于墙上的为吊柜。

(2)压条、装饰线项目已包括在门扇、墙柱面、顶棚等项目内的,不再单独列项。

(3)洗漱台项目适用于石质(天然石材、人造石材等)、玻璃等。

(4)旗杆的砌砖或混凝土台座,台座的饰面可按清单计价规范相关附录的章节另行编码列项,也可纳入旗杆报价内。

(5)美术字不分字体,按大小规格进行分类。

2.有关项目特征的说明

(1)台柜的规格以能分离的成品单体长、宽、高来表示,如一个组合书柜分上下两部分,下部为独立的矮柜,上部为敞开式的书柜,可分为上、下两部分标注尺寸。

(2)镜面玻璃和灯箱等的基层材料是指玻璃背后的衬垫材料,如:胶合板、油毡等。

(3)装饰线和美术字的基层类型是指装饰线、美术字依托体的材料,如砖墙、木墙、石墙、混凝土墙、墙面抹灰及钢支架等。

(4)旗杆高度指旗杆台座上表面至杆顶的尺寸(包括球珠)。

(5)美术字的字体规格以字的外接矩形长、宽和字的厚度表示。固定方式指粘贴、焊接及铁钉、螺栓、铆钉固定等方式。

3.6.2　其他工程工程量清单项目设置及工程量计算

1.柜类、货架工程量计算

(1)工程量清单项目设置及工程量计算规则。工程量清单项目设置及工程量计算规则见表3.88。

表3.88　柜类、货架(编码:020601)

项目编码	项目名称	项目特征	计量单位	工程量计算规则	工程内容
020601001	柜台				
020601002	酒柜				
020601003	衣柜				
020601004	存包柜				
020601005	鞋柜				
020601006	书柜				
020601007	厨房壁柜				
020601008	木壁柜	1.台柜规格			1.台柜制作、运
020601009	厨房低柜	2.材料种类、规格			输、安装(安放)
020601010	厨房吊柜	3.五金种类、规格	个	按设计图示数量计算	2.刷防护材料、油
020601011	矮柜	4.防护材料种类			漆
020601012	吧台背柜	5.油漆品种、刷漆遍数			
020601013	酒吧吊柜				
020601014	酒吧台				
020601015	展台				
020601016	收银台				
020601017	试衣间				
020601018	货架				
020601019	书架				
020601020	服务台				

(2)工程量计算示例。

【例3.50】　图3.51为某西餐厅吧台正、背、立面及侧剖面图,试计算吧台清单工程量。

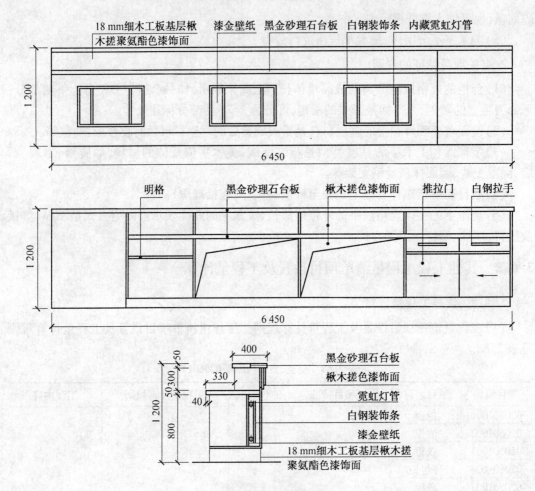

图 3.51　吧台示意图

【解】　根据"装饰装修工程工程量清单项目及计算规则",吧台清单工程量为 1 个。

2.暖气罩工程量计算

(1)工程量清单项目设置及工程量计算规则。工程量清单项目设置及工程量计算规则见表3.89。

表 3.89　暖气罩(编码:020602)

项目编码	项目名称	项目特征	计量单位	工程量计算规则	工程内容
020602001	饰面板暖气罩	1.暖气罩材质 2.单个罩垂直投影面积 3.防护材料种类 4.油漆品种、刷漆遍数	m²	按设计图示尺寸以垂直投影面积(不展开)计算	1.暖气罩制作、运输、安装 2.刷防护材料、油漆
020602002	塑料板暖气罩				
020602003	金属暖气罩				

(2)工程量计算示例。

【例3.51】　平墙式暖气罩,尺寸如图3.52所示,五合板基层,榉木板面层,机制木花格散热口,共 18 个,试计算其工程量。

【解】根据清单工程量计算规则,饰面板暖气罩工程量计算公式为

饰面板暖气罩工程量=垂直投影面积

饰面板暖气罩工程量/m²:(1.65×1.0－1.25×0.2－0.90×0.25)×18=21.15

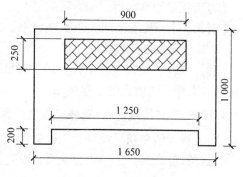

图 3.52　平墙式暖气罩

3.浴厕配件工程量计算

(1)工程量清单项目设置及工程量计算规则。工程量清单项目设置及工程量计算规则,见表 3.90。

表 3.90　浴侧配件(编码:020603)

项目编码	项目名称	项目特征	计量单位	工程量计算规则	工程内容
020603001	洗漱台	1.材料品种、规格、品牌、颜色 2.支架、配件品种、规格、品牌 3.油漆品种、刷漆遍数	m²	按设计图示尺寸以台面外接矩形面积计算。不扣除孔洞、挖弯、削角所占面积,挡板、吊沿板面积并入台面面积内	1.台面及支架制作、运输、安装 2.杆、环、盒、配件安装 3.刷油漆
020603002	晒衣架		根(套)	按设计图示数量计算	
020603003	帘子杆				
020603004	浴缸拉手				
020603005	毛巾杆(架)				
020603006	毛巾环		副		
020603007	卫生纸盒		个		
020603008	肥皂盒				
020603009	镜面玻璃	1.镜面玻璃品种、规格 2.框材质、断面尺寸 3.基层材料种类 4.防护材料种类 5.油漆品种、刷漆遍数	m²	按设计图示尺寸以边框外围面积计算	1.基层安装 2.玻璃及框制作、运输、安装 3.刷防护材料、油漆
020603010	镜箱	1.箱材质、规格 2.玻璃品种、规格 3.基层材料种类 4.防护材料种类 5.油漆品种、刷漆遍数	个	按设计图示数量计算	1.基层安装 2.箱体制作、运输、安装 3.玻璃安装 4.刷防护材料、油漆

（2）工程量计算示例。

【例 3.52】　某卫生间大理石洗漱台，如图 3.53 所示，计算该洗漱台的工程量。

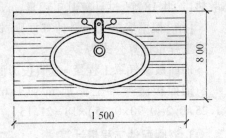

【解】　根据"装饰装修工程工程量清单项目及计算规则"，大理石洗漱台的工程量/m^2：$1.5×0.8＝1.20$

图 3.53　某大理石洗漱台示意图

4.压条、装饰线及雨篷、旗杆工程量计算

（1）工程量清单项目设置及工程量计算规则。

1）压条、装饰线。工程量清单项目设置及工程量计算规则见表 3.91。

表 3.91　压条、装饰线（编码：020604）

项目编码	项目名称	项目特征	计量单位	工程量计算规则	工程内容
020604001	金属装饰线	1.基层类型 2.线条材料品种、规格、颜色 3.防护材料种类 4.油漆品种、刷漆遍数	m	按设计图示尺寸以长度计算	1.线条制作、安装 2.刷防护材料、油漆
020604002	木质装饰线				
020604003	石材装饰线				
020604004	石膏装饰线				
020604005	镜面装饰线				
020604006	铝塑装饰线				
020604007	塑料装饰线				

2）雨篷、旗杆。工程量清单项目设置及工程量计算规则见表 3.92。

表 3.92　雨篷、旗杆（编码：020605）

项目编码	项目名称	项目特征	计量单位	工程量计算规则	工程内容
020605001	雨篷吊挂饰面	1.基层类型 2.袭骨材料种类、规格、中距 3.面层材料品种、规格、品牌 4.吊顶（天棚）材料、品种、规格、品牌 5.嵌缝材料种类 6.防护材料种类 7.油漆品种、刷漆遍数	m^2	按设计图示尺寸以水平投影面积计算	1.底层抹灰 2.袭骨基层安装 3.面层安装 4.刷防护材料、油漆
020605002	金属旗杆	1.旗杆材料、种类、规格 2.旗杆高度 3.基础材料种类 4.基座材料种类 5.基座面层材料、种类、规格	根	按设计图示数量计算	1.土（石）方挖填 2.基础混凝土浇注 3.旗杆制作、安装 4.旗杆台座制作、饰面

（2）工程量计算示例。

【例 3.53】 家庭装修贴石膏阴角线，宽 65 mm，长 85 m。请计算其工程量。

【解】 根据清单工程量计算规则，石膏装饰线工程量的计算公式如下：

石膏装饰线工程量＝设计图示长度

石膏装饰线工程量/m：85.0

【例 3.54】 某工厂厂区旗杆，混凝土 C10 基础 3 000 mm×800 mm×300 mm，砖基座 3 500 mm×1 000 mm×300 mm，基座面层贴芝麻白 20 mm 厚的花岗石板，3 根不锈钢管 （Cr18Ni19），每根长 12.192 m，ϕ63.5、壁厚 1.2 mm。请计算旗杆工程量并编制工程量清单。

【解】

（1）根据清单工程量计算规则，金属旗杆工程量计算公式为

金属旗杆工程量＝设计图示数量

金属旗杆工程量/根：3

（2）分部分项工程量清单见表 3.93。

表 3.93 分部分项工程量清单

序号	项目编号	项目名称	项目特征描述	计量单位	工程数量
1	020605002001	金属旗杆	混凝土 C10 基础 3 000 mm×800 mm×300 mm，砖基座 3 500 mm×1 000 mm×300 mm，基座面层 20 mm 厚花岗石板 500 mm×500 mm，不锈钢管（Cr18Ni19），每根长 12.192 m，ϕ63.5、壁厚 1.2 mm	根	3

5. 招牌、灯箱及美术字工程量计算

（1）工程量清单项目设置及工程量计算规则。

1）招牌、灯箱。工程量清单项目设置及工程量计算规则见表 3.94。

表 3.94 招牌、灯箱（编码：020606）

项目编码	项目名称	项目特征	计量单位	工程量计算规则	工程内容
020606001	平面、箱式招牌	1. 箱体规格 2. 基层材料种类 3. 面层材料种类 4. 防护材料种类 5. 油漆品种、刷漆遍数	m²	按设计图示尺寸以正立面边框外围面积计算。复杂形的凸凹造型部分不增加面积	1. 基层安装 2. 箱体及支架制作、运输、安装 3. 面层制作、安装 4. 刷防护材料、油漆
020606002	竖式标箱		个	按设计图示数量计算	
020606003	灯箱				

2）美术字。工程量清单项目设置及工程量计算规则见表 3.95。

表 3.95 美术字(编码:020607)

项目编码	项目名称	项目特征	计量单位	工程量计算规则	工程内容
020607001	泡沫塑料字	1. 基层类型 2. 镌字材料品种、颜色 3. 字体规格 4. 固定方式 5. 油漆品种、刷漆遍数	个	按设计图示数量计算	1. 字制作、运输、安装 2. 刷油漆
020607002	有机玻璃字				
020607003	木质字				
020607004	金属字				

(2)工程量计算示例。

【例 3.55】 某工程檐口上方设招牌,长 30 m,高 1.6 m,钢结构龙骨,九夹板基层,塑铝板面层,上嵌 10 个 1 000 mm×1 000 mm 的泡沫塑料字和有机玻璃字,试计算其工程量。

【解】

(1)根据清单工程量计算规则,平面招牌工程量的计算公式如下:

平面招牌工程量=设计净长度×设计净宽度

平面招牌工程量/m²:30×1.6=48

(2)根据清单工程量计算规则,泡沫塑料字工程量的计算公式如下:

泡沫塑料字工程量=设计图示数量

泡沫塑料字工程量/个:10

(3)根据清单工程量计算规则,有机玻璃字工程量的计算公式如下:

有机玻璃字工程量=设计图示数量

有机玻璃字工程量/个:10

3.6.3 其他工程消耗量定额工程量计算规则

1. 消耗量定额说明

按《全国统一建筑装饰装修工消耗量定额》执行的项目,其定额说明如下:

(1)其他工程定额项目在实际施工中使用的材料品种、规格与定额取定不同时,可以换算,但人工、机械不变。

(2)其他工程定额中铁件已包括刷防锈漆一遍,如设计需涂刷油漆、防火涂料按油漆、涂料、裱糊工程中相应子目执行。

(3)招牌基层。

1)平面招牌是指安装在门前的墙面上;箱体招牌、竖式标箱是指六面体固定在墙面上;沿雨篷、檐口、阳台走向立式招牌,按平面招牌复杂项目执行。

2)一般招牌和矩形招牌是指正立面平整无凸面;复杂招牌和异形招牌是指正立面有凹凸造型。

3)招牌的灯饰均不包括在定额内。

(4)美术字安装。

1)美术字均以成品安装固定为准。

2)美术字不分字体均执行消耗量定额。

（5）装饰线条。

1)木装饰线、石膏装饰线均以成品安装为准。

2)石材装饰线条均以成品安装为准。石材装饰线条磨边、磨圆角均包括在成品的单价中,不再另计。

（6）石材磨边、磨斜边、磨半圆边及台面开孔子目中均为现场磨制。

（7）装饰线条以墙面上直线安装为准,如天棚安装直线形、圆弧形或其他图案者,按以下规定计算。

1)天棚面安装直线装饰线条人工乘以 1.34 系数。

2)天棚面安装圆弧装饰线条人工乘以 1.6 系数,材料乘以 1.1 系数。

3)墙面安装圆弧装饰线条人工乘以 1.2 系数,材料乘以 1.1 系数。

4)装饰线条做艺术图案者,人工乘以 1.8 系数,材料乘以 1.1 系数。

（8）暖气罩挂板式是指钩挂在暖气片上;平墙式是指凹入墙内;明式是指凸出墙面;半凹半凸式按明式定额子目执行。

（9）货架、柜类定额中未考虑面板拼花及饰面板上贴其他材料的花饰、造型艺术品。

2. 消耗量定额工程量计算规则

按《全国统一建筑装饰装修工消耗量定额》执行的项目,其工程量计算规则如下:

（1）招牌、灯箱。

1)平面招牌基层按正立面面积计算,复杂形的凹凸造型部分亦不增减。

2)沿雨篷、檐口或阳台走向的立式招牌基层,按平面招牌复杂形执行时,应按展开面积计算。

3)箱体招牌和竖式标箱的基层,按外围体积计算。突出箱外的灯饰、店徽及其他艺术装潢等均另行计算。

4)灯箱的面层按展开面积以平方米计算。

5)广告牌钢骨架以 t 计算。

（2）美术字安装按字的最大外围矩形面积以个计算。

（3）压条、装饰线条均按延长米计算。

（4）暖气罩(包括脚的高度在内)按边框外围尺寸垂直投影面积计算。

（5）镜面玻璃、盥洗室木镜箱以正立面面积计算。

（6）塑料镜箱、毛巾环、肥皂盒、金属帘子杆、浴缸拉手、毛巾杆安装以只或副进行计算。不锈钢旗杆以延长米计算。大理石洗漱台以台面投影面积计算(不扣除孔洞面积)。

（7）货架、柜橱类均以正立面的高(包括脚的高度在内)乘以宽,以平方米进行计算。

3.6.4　其他工程工程量清单计价综合实例

【例 3.56】　某卫生间如图 3.54 所示,分别编制卫生间镜面玻璃、镜面不锈钢饰线、石材饰线、毛巾环清单工程量表。

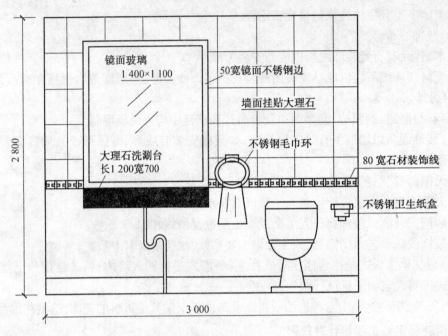

图 3.54　卫生间

【解】

(1)清单工程量。

根据"装饰装修工程工程量清单项目及计算规则"镜面玻璃工程清单工程量/m²:1.1×1.4＝1.54

毛巾环清单工程量为1副。

根据"装饰装修工程工程量清单项目及计算规则"压条、装饰线,不锈钢饰线清单工程量/m:2×(1.1+2×0.05+1.4)＝5.2

石材饰线清单工程量/m:3-(1.1+0.05×2)＝1.8

(2)消耗量定额工程量。

1)根据"消耗量定额"计量单位和计算规则,计算工程量:

镜面玻璃/m²:1.1×1.4＝1.54

毛巾环/副:1

不锈钢饰线/m:2×(1.1+2×0.05+1.4)＝5.2

石材饰线/m:3-(1.1+0.05×2)＝1.8

2)清单项目每计量单位应包含的各项工程内容的工程数量

镜面玻璃安装:1.54÷1.54＝1

毛巾环:1÷1＝1

镜面玻璃线安装:5.2÷5.2＝1

石料装饰线:1.8÷1.8＝1

(3)编制工程量清单综合单价分析表。根据企业情况确定管理费率170%,利润率110%,计费基础为人工费。工程量清单综合单价分析表见表3.96～3.100。

表 3.96　工程量清单综合单价分析表

工程名称:某卫生间装饰工程　　　　　　　　　　标段:　　　　　　　　第　页 共　页

项目编码	020603009001		项目名称		镜面玻璃		计量单位		m²	
综合单价组成明细										
定额编号	定额名称	定额单位	数量	单价/(元·m⁻²)				合价/(元·m⁻²)			

定额编号	定额名称	定额单位	数量	人工费	材料费	机械费	管理费和利润	人工费	材料费	机械费	管理费和利润
6-112	镜面玻璃	m²	1	10.70	225.17	0.66	29.96	10.70	225.17	0.66	29.96
人工单价		小　　计						10.70	225.17	0.66	29.96
25 元/工日		未计价材料费						—			
清单项目综合单价/(元·m⁻²)								266.49			

(4)编制分部分项工程量清单与计价见表 3.97。

表 3.97　分部分项工程量清单与计价表

工程名称:某卫生间装饰工程　　　　　　　　　　标段:　　　　　　　　第　页 共　页

项目编码	020603006001		项目名称		毛巾环		计量单位		副	
综合单价组成明细										

定额编号	定额名称	定额单位	数量	单价/(元·副⁻¹)				合价/(元·副⁻¹)			
				人工费	材料费	机械费	管理费和利润	人工费	材料费	机械费	管理费和利润
6-201	毛巾环	副	1	0.45	36.72	0.00	1.27	0.45	36.72	0.00	1.27
人工单价		小　　计						0.45	36.72	0.00	1.27
25 元/工日		未计价材料费						—			
清单项目综合单价/(元·副⁻¹)								38.44			

表 3.98　分部分项工程量清单与计价表

工程名称:某卫生间装饰工程　　　　　　　　　　标段:　　　　　　　　第　页 共　页

项目编码	020604005001		项目名称		镜面玻璃线		计量单位		m	
综合单价组成明细										

定额编号	定额名称	定额单位	数量	单价/(元·m⁻¹)				合价/(元·m⁻¹)			
				人工费	材料费	机械费	管理费和利润	人工费	材料费	机械费	管理费和利润
6-064	镜面不锈钢装饰线	m	1	1.39	19.99	0.00	3.89	1.39	19.99	0.00	3.89
人工单价		小　　计						1.39	19.99	0.00	3.89
25 元/工日		未计价材料费						—			
清单项目综合单价(元·m⁻¹)								25.27			

表 3.99　分部分项工程量清单与计价表

工程名称:某卫生间装饰工程　　　　　　　标段:　　　　　　　第　页　共　页

项目编码	020604003001	项目名称	石材装饰线	计量单位	m

清单综合单价组成明细

定额编号	定额名称	定额单位	数量	单价/(元·m⁻¹)				合价/(元·m⁻¹)			
				人工费	材料费	机械费	管理费和利润	人工费	材料费	机械费	管理费和利润
6-087	石材装饰线	m	1	1.39	307.23	0.16	3.89	1.39	307.23	0.16	3.89
人工单价		小　计						1.39	307.23	0.16	3.89
25 元/工日		未计价材料费						—			
清单项目综合单价/(元·m⁻¹)								312.67			

表 3.100　分部分项工程量清单与计价表

工程名称:某卫生间装饰工程　　　　　　　标段:　　　　　　　第　页　共　页

序号	项目编号	项目名称	项目特征描述	计量单位	工程数量	金额/元	
						综合单价	合价
1	020603009001	镜面玻璃	镜面玻璃品种、规格:6 mm 厚,1 400 mm×1 100 mm	m²	1.54	266.49	410.39
2	020603006001	毛巾环	材料品种、规格:毛巾环	副	1	38.44	38.44
3	020604005001	镜面玻璃线	1.基层类型:3 mm 厚胶合板 2.线条材料品种、规格:50 mm 宽镜面不锈钢板 3.结合层材料种类水泥砂浆 1:3	m	5.2	25.27	131.40
4	020604003001	石材装饰线	线条材料品种、规格:80 mm 宽石材装饰线	m	1.8	312.67	562.81
合计						1 143.04	

第4章 装饰装修工程招投标

4.1 装饰装修工程招标

1. 工程招标方式

（1）公开招标。公开招标是指招标单位通过海报、报刊、广播以及电视等手段，在一定的范围内，公开发布招标信息、公告，以招引具备相应条件而又愿意参加的一切投标单位前来进行投标。

（2）邀请招标。邀请招标是非公开招标方式的一种。由招标单位向其所信任的、有承包能力的施工单位（不少于3家），发送招标通知书或招标邀请函件，通常，被邀请单位均应前往投标或及时复函说明不能参加投标的原因。它比公开招标要节省人力、物力及财力，且能够缩短招标工作周期。

2. 工程招标程序

工程招标程序如图4.1所示。

具备条件，申请招标

准备招标文件，编制标底

发布招标广告或招标通知

投标资格审查

发给招标文件

组织勘察施工现场并答疑

接受投标单位标函

开标

评标，择标

签订工程合同

履行工程共同

竣工决算

图4.1 工程招标程序示意图

3. 装饰装修工程招标文件的主要内容

建筑装饰装修方案、施工招标文件包括以下主要内容：

(1)招标工程综合说明：主要包括工程项目的批准文件、工程名称、地点、性质(新建、扩建、改建)、规模、总投资、有关工程建设的设计图纸资料、土建安装施工单位及形象进度要求。

(2)建筑装饰装修方案招标的范围和内容、标准及装饰装修方案设计时限、投标单位设计资质的要求等。

(3)设计方案要求：主要包括总的设计思想要求，功能分区及使用效果要求，对装饰装修格调、标准、光照、色彩的要求，主要材料、设施使用、投资控制的要求，以及满足温度、噪声、消防安全等方面的标准和要求等。

(4)对方案设计效果图、平面图和中标后施工图的深度及份数的要求。

(5)投标文件编写要求及评标、定标方法。

(6)投标预备会、现场踏勘及投标、开标、评标的时间和地点。

(7)对方案中标人在施工投标中的优惠及方案设计费，对未中标人的方案设计补偿费标准。

(8)装饰装修施工招标文件应符合建设工程施工招标办法的相关规定和要求。招标文件应包括招标项目的技术要求，对投标单位资格审查的标准、投标报价要求和评标标准等所有与招标项目相关的实质性要求与条件，包括施工技术、装饰装修标准与工期等。

(9)投标人须知。

(10)工程量清单。

(11)拟定承包合同的主要条款和附加条款。

4.2 装饰装修工程投标

1. 工程投标程序

工程投标程序如图 4.2 所示。

2. 装饰装修工程投标文件的主要内容

(1)方案投标文件主要内容。装饰方案投标文件一般包括以下主要内容：

1)投标书：应标明投标单位名称、地址、负责人姓名、联系电话以及投标文件的主要内容。

2)方案设计综合说明：包括设计构思、功能分区、方案特点、装饰装修风格、平面布局、整体效果、设计配备等。

3)方案设计主要图纸(平、立、剖)及效果图。

4)选用的主要装饰装修材料的产地、规格、品牌、价格和小样。

5)施工图的设计周期。

6)投资估算。

7)授权委托书、装饰装修设计资质等级证书、设计收费资格证书、营业执照等资格证明材料。

图 4.2　工程投标程序示意图

8）近两年的主要装修业绩与获得的各种荣誉（附复印件）。

（2）施工投标文件的主要内容。施工投标文件通常包括以下主要内容：

1）投标书：标明投标价格、工期、自报质量和其他优惠条件。

2）授权委托书、营业执照、施工企业取费标准证书、资信证书、建设行政主管部门核发的施工企业资质等级证书、施工许可证、项目经理资质证书等；境外、省外企业进省招标投标许可证。

3）预算书，总价汇总表。

4）投标书辅助资料表。

5）需要甲方供应的材料用量。

6）工程使用的主要材料及配件的产地、规格表，并提供小样。

7）投标人主要加工设备、安装设备和测试设备明细表。

8）施工组织设计主要包括主要工程的施工方法，技术措施，主要机具设备及人员专业构成，质量保证体系及措施、工期进度安排及保证措施、安全生产及文明施工保证措施、施工平面图等。

9）近两年来投标单位和项目经理的工作业绩和获得的各种荣誉（提供证书复印件）。

3. 装饰装修工程投标报价

（1）装饰装修投标报价的依据和编制程序。

1）投标报价的概念。装饰工程投标报价是建筑装饰工程投标工作的重要环节之一。投标报价是指承包商根据业主招标文件的要求及所提供的装饰工程施工图纸，根据相关概（预）算定额（或单位估价表）和有关费率标准，结合本企业自身的技术、管理水平，向业主提交的投标价格。它是承包商对工程项目的自主定价,体现了企业的自主定价权。承包商可根据企业的实际状况及掌握的市场信息,充分利用自身的优势,确定出能与其他对手相竞争的工程报价。

我国施工工程的投标价格是建筑产品价格的市场成交价格形式。从现行体制来看,它为浮动价格体制。对于同一工程,不同的承包商或同一个承包商在不同的情况下,对工程在工程成本、企业的盈利及风险做出具体测算后,考虑企业情况并结合市场变化,可以做出不同的报价。

2)投标报价的依据。报价是装饰工程投标的核心,在中标概率中的地位极为重要。业主把承包商的报价作为选择中标者的主要标准,因此要编制出合理的、竞争力强的报价,除了要具备广博的知识、丰富的经验和掌握圈内外大量的有关技术经济资料外,还要依据以下条件:

①招标文件。招标文件是编制投标报价的重要依据,它的内容有:装饰工程综合说明、技术质量要求、工期要求、工程价款与结算、装饰工程及材料的特殊要求、附图附表内容、招标有关事项说明及其他有关要求等。

②装饰工程施工图纸和说明书。装饰工程施工图纸和说明书表明了工程结构、内容、有关尺寸和设备名称、规格、数量等,是计算或复核工程量、编制报价的重要依据。

③装饰工程(概)预算定额或单位估价表及新材料、新产品的补充预算价格表。规定了分项工程的划分和使用定额的方法,还规定了工程量计算规则。

④装饰工程取费规定。它主要包括各项取费标准,政府部门下达的其他费用文件。

⑤装饰工程的施工方案及做法。它规定了工程的施工方法、主要施工技术与组织措施、保证质量与安全的方法等。它对于正确计算工程量、选套有关定额、计取各种费用等能起到重要的作用。

⑥注重相关工程技术经济资料的收集。应注意随时积累企业参加投标的资料和其他企业的相关资料,认真整理、总结经验和教训,发现一些具有普遍指导意义的规律性的东西,为投标报价提供重要的参考依据。

3)投标报价的编制程序。投标报价的编制程序参照建筑工程招投标的规定和方法进行,比较有代表性的投标报价编制程序如下:

①熟悉、研究招标文件。招标文件的内容有很多,对招标工程的总体要求有详细的说明,所以,承包商要全面的了解掌握招标文件的内容,不得放过任何一个细节,同时对于招标文件的重点内容或实质性规定要更加的关注,对招标的装饰工程应有一个全面的了解,以便在编制投标报价时能够认真地执行,避免造成废标或影响中标后的经济效益。

②核对或计算工程量。工程量是计算标价的重要依据之一。若招标文件中已给出了工程量清单,要逐项的进行复核或重点抽查复核,以防漏项或计算有误。若未提供工程量,则要在熟悉图纸的基础上,按定额的顺序逐项的计算工程量,以便套用定额或确定单价。

③现场考察,拟订施工方案。承包商对现场进行考察后,需拟订施工方案,为投标报价提供依据。按国际惯例,承包商的报价单应是在施工现场考察的基础上提出的,因此做好报价前的现场考察是制定准确报价的保障。一旦随投标书提交了报价单,承包商就无权因施工现场了解不全面、对各因素考虑不周全而提出修改投标报价或提出补偿等要求。

④计算分项工程单价,确定工程直接费用。按照国家制定的(概)预算定额或企业自行

编制收集的有关资料,计算分项工程造价,各分项工程单价乘以相应工程量后累加得出工程的直接费用。

⑤确定其他费用。按有关的费率规定或企业自行决定,计算工程的间接费、利润、税金、不可预见费及其他实际可能发生的费用。

⑥确定基础标价。汇总工程直接费、间接费、利润、税金、不可预见费及其他实际可能发生的费用,做出投标报价的基础标价。

⑦调整基础标价后做出投标报价。承包商在分析企业的实际情况和竞争形势后,对基础标价做调整、修正后做出报价决策,最后报出投标价。

投标报价的编制程序框图如图4.3所示。

　熟悉、研究招标文件

　核对或计算工程量

　现场考察、拟订施工方案

　计算分项工程单价,确定工程直接费用

　确定其他费用

　确定基础标价

　调整基础标价后做出投标报价

图4.3　投标报价的编制程序框图

4)以(概)预算为基础编制投标报价的方法。目前,国内建筑装饰工程以(概)预算为基础编制投标报价的方法有以下几种:

①以施工图预算为基础编制投标报价。施工图预算是根据施工图纸及说明书,按预算定额逐项计算出工程量后,再套用定额单价或单位估价表。或由企业自主确定单价来计算工程的直接费用,并按此方法计算其他费用(包括间接费、利润和税金、不可预见费、其他实际可能发生的费用)后,汇总作为投标报价的基础标价。

用此方法计算的工程项目符合施工实际,工料消耗较为详细明确,若无设计与价格上的变化,其基础标价是较为准确可靠的。但是这种计算方法较繁琐,工作量大,不适应市场经济的要求。

②以概算为基础编制投标报价。计算方法与前面所介绍的施工图预算相同,只是概算定额是在预算定额的基础上,经过全面测算,将某些次要项目归并在主要项目中,并计算其价格。因此,根据概算定额确定的费用与预算定额所计算的价格无较大出入,一般略有富余,从而可以简化计算工作量。对于上述两种方法计算出的基础标价,承包商要进行调整和修正。

(2)投标策略和报价技巧。投标报价的成功与否不仅关系到承包商的中标,而且将直接影响承包商的经济效益。在使投标报价具有竞争力的同时,努力提高工程项目的收益,始终是承包商追求的目标。投标报价涉及面广,与技术、经济、信息及投标策略紧密相关,并包含一定的技巧。

1）投标策略分析。在投标报价的实践中,能否在竞争中获胜,除了取决于承包商自身的实力和信誉外,采用合适的投标策略往往是能否中标的关键。

一般来说,承包商在投标报价中可采取以下的几种策略:

①报价准确,尽量接近标底。一个接近而又略低于标底的投标报价,往往能给业主及评委们留下深刻的第一印象,而远离标底的投标报价是难以选入评标程序的。

②充分研究业主。既然能否中标取决于业主,那么就要充分研究业主的意愿。不同的业主对影响报价的各种因素会给予不同的权衡。如果侧重点在工期,就会对承包商的设备、技术实力要求严格,报价的高低就会放在第二位予以考虑,此时承包商就应着重强调自己如何采取有效的技术措施,并明确可以达到的最短工期,价格方面不必优惠;如果业主对工期的要求低于工程造价,承包商的主要精力应放在如何提高技术、加强管理、精心组织施工及在保证质量的前提下降低投标报价。

③研究参与投标的竞争对手。充分了解竞争对手的情况,制定相应的策略,是争取中标成功的重要条件。应该分析竞争对手的优势和不足之处,每个竞争对手中标的可能性,以便决定自己投标报价时所应采取的态度,争取中标的最大可能性。

④通过科学施工,加快工程进度取胜。采用质量保证体系的措施,在编制施工组织设计中,对人、财、物做到优化配置,从提前工期入手,既提高了对业主的吸引力,又为降低施工成本创造了条件。

2）选择合适的投标种类。投标策略的选择来自实践经验的积累,来自对客观事实的认识和及时掌握业主、竞争对手及其他有关情况。不仅如此,承包商还应选择合适的投标种类,以期获得最好的投标效果。

承包商可以在实际投标中选择以下几种标投"低标"(即报价可低一点)或投"高标"(即报价可高一些):

①盈利标。盈利标是指能给承包商带来可观利润所投的标。招标工程既是承包商的强项,又是竞争对手的弱项时,承包商可投此标。报价时按"高标"投。

②保险标。保险标是指承包商在确信有能力获取一定利润基础上所投的标。通常对可以预见的情况(从技术、装备、资金等重大问题)都有了解决的对策之后可投此标,一般按"低标"报价。

③保本标。保本标是指以获取微利为目的所投的标。一般来说,承包商无后继工程,或已出现部分窝工时投此标。通过投"低标",薄利保本。

④风险标。风险标是指无法确定利润的获取,即可能会给企业带来可观利润,也可能会造成企业明显亏损的情况下所投的标。通常对新材料及特种结构的装饰工程,明知工程承包难度大,风险大,或暂时有技术上未解决的问题,但因承包商的队伍窝工,或想获得更大盈利(难度、风险解决得好),或为了开拓新技术领域,可投此标。一般在投标时按"高标"报价。

⑤亏损标。亏损标是指明知不但不会给企业带来利润,而且会造成企业成本亏损的情况下所投的标。为了打入新市场或者拓宽市场的占有率,或者要挤垮竞争对手等,往往投此标,一般是"低标"报价。

3）报价技巧。投标策略一经确定,就要具体反映到报价上,但是报价也有其自身的技巧,两者必须相辅相成。现就一些常用技巧介绍如下:

①不平衡报价法。不平衡报价法是指在总价基本确定的前提下,提高某些分项工程的单价,同时降低另外一些分项工程的单价。通过对分项工程的单价进行增减调整,以期获得更好的经济效益。其主要目的是:

a. 提高早期施工项目的单价,降低后期施工项目的单价,以利于资金周转。

b. 对工程量可能增加的项目适当提高单价,而对工程量可能减少的项目则适当降低单价。

c. 图纸内容不明确或出现错误,估计修改后工程量要增加的单价可提高,而工作内容说明不明确的单价可降低。

d. 工程量只填单价的项目,其单价要高。

②修改设计、多方案报价法。经验丰富的承包商往往能发现设计中存在的不合理或可改进之处,或可利用某项新的施工技术降低成本。因此,承包商除了按设计要求提出报价外,还可另外附加修改设计后的方案比较,并说明其利益和可行性。这种方法要求承包商有足够的技术实力和施工经验,能以具体的数据、合理的变更与业主共同优化设计,共同承担风险,以吸引业主的注意力,提高自己的知名度。

③突然降价法。开始装作对该工程不感兴趣,而后突然提出各项优惠条件或压低报价,迷惑竞争对手,使其造成判断错误,从而增加中标几率。

④扩大标价法。在工程质量要求高以及影响施工的因素多而复杂的情况下,可增加"不可预见费",以减少风险。

⑤先低后高法。在报价时,避开工程中一些较难处理的问题,将报价降低,待中标后提出协商,借故加价。

⑥零星用工(计日工)。零星用工的单价一般稍高于工程单价中的工资单价,因它不属于承包总价的范围,发生时实报实销,可多获利。

确定投标策略、掌握报价技巧是一项全方位、多层位的系统工程,首先要对企业内部和外界的情况进行分析,并通过业主的招标文件、咨询以及社交活动等多种渠道,获得所需要的信息,明确有利条件和不利因素,发挥优势,出奇制胜,争取报出既合理又能中标的价格。

4.3　装饰装修工程开标与评标

4.3.1　开标

开标应当在招标文件规定的提交投标文件截止时间的同一时间公开进行,地点应为招标文件中预先确定的地点。若变更开标日期和地点,应提前 3 天通知投标企业和有关单位。

开标由招标单位的法人代表或其指定的代理人主持。开标时,应邀请招标单位的上级主管部门和有关单位参加。国家重点工程、重要工程以及大型工程和中外合资工程应通知建设银行派代表参加。开标的一般程序是:

(1)招标单位工作人员介绍各方到会人员,宣读会议主持人及招标单位法定代表证件或法定代表人委托书。

(2)会议主持人检验投标企业法定代表人或其指定代理人的证件、委托书。

(3)主持人重申招标文件要点,宣布评标办法和评标小组成员名单。

（4）主持人当众检验启封投标书。其中属于无效标书的,须经评标小组半数以上成员确认,并当众宣布。

（5）投标企业法定代表人或其指定的代理人声明对招标文件是否确认。

（6）按标书送标时间或以抽签的方式排列投标企业唱标顺序。

（7）各投标企业代表按顺序唱标。

（8）当众启封公布标底。

（9）招标单位指定专人监唱,做好开标记录(工程开标汇总表),并由各投标企业的法定代表人或其指定的代理人在记录上签字。

4.3.2　评标

1.评标机构

评标由评标委员会负责。评标委员会由招标人的代表和有关技术、经济等方面的专家组成,成员为 5 人以上单数,其中,技术、经济等方面的专家不得少于成员总数的 2/3。这些专家应当从事相关领域工作满 8 年,并具有高级职称或具有同等专业水平,由招标人从国务院有关部门或者省、自治区、直辖市人民政府有关部门提供的专家名册或者招标代理机构的专家库内的相关专业的专家名单中确定。一般项目可以采取随机抽取的方式,特殊招标项目可以由招标人直接确定。与投标人有利害关系的人不得进入评标委员会,已经进入的,应当更换。

评标委员会的评标工作将受到有关行政监督部门的监督。

2.评标原则

评标工作应按照严肃认真、公平公正、科学合理、客观全面、竞争优选、严格保密的原则进行,保证所有投标人的合法权益。

招标人应当采取必要的措施,保证评标秘密进行,在宣布授予中标人合同之前,凡属于投标书的审查、澄清、评价和比较及有关授予合同的信息,都不应向投标人或与该过程无关的其他人泄露。

任何单位和个人不得非法干预、影响评标的过程和结果。如果投标人试图对评标过程或评标决定施加影响,则会导致其投标被拒绝;如果投标人以他人名义投标或者以其他方式弄虚作假、骗取中标的,则中标无效,并将依法受到惩处;如果招标人与投标人串通投标,损害国家利益、社会公共利益或者他人合法权益,则中标无效,并将依法受到惩处。

3.评标程序与内容

开标之后即进入评标阶段,评标的过程通常要经过投标文件的符合性鉴定、技术评估、商务评估、投标文件澄清、综合评价与比较等几个步骤。

（1）投标文件的符合性鉴定。所谓符合性鉴定是检查投标文件是否实质上响应招标文件的要求,实质上响应的含义是投标文件应该与招标文件的所有条款、条件规定相符,无显著差异或保留。符合性鉴定一般包括下列内容:

1）投标文件的有效性:

①投标人以及联合体形式投标的所有成员是否已通过资格预审和获得投标资格。

②投标文件中是否提交了承包人的法人资格证书及对投标负责人的授权委托证书。如

果是联合体,是否提交了合格的联合体协议书,以及对投标负责人的授权委托证书。

③投标保证金的格式、内容、金额、有效期、开具单位是否符合招标文件要求。

④投标文件是否按要求进行了有效签署等。

2)投标文件的完整性:投标文件中是否包括招标文件规定应递交的全部文件,如标价的工程量清单、报价汇总表、施工进度计划、施工方案、施工人员和施工机械设备的配备等,以及应该提供的必要的支持文件和资料。

3)与招标文件的一致性:

①招标文件中凡是要求投标人填写的空白栏目是否全部填写,并做出明确回答,投标书及其附件是否完全按要求填写。

②对于招标文件的任何条款、数据或说明是否有任何修改、保留和附加条件。

通常符合性鉴定是评标的第一步,如果投标文件没有实质上响应招标文件的要求,将被列为不合格投标而予以拒绝,并不允许投标人通过修正或撤销其不符合要求的差异或保留,使之成为响应性投标。

(2)技术评估。技术评估的目的是确认和比较投标人完成本工程的技术能力,以及他们的施工方案的可靠性。技术评估的主要内容如下:

1)施工方案的可行性:对各类分部分项工程的施工方法,施工人员和施工机械设备的配备、施工现场的布置和临时设施的安排、施工顺序及其相互衔接等方面的评审,特别是对该项目关键工序的施工方法进行可行性论证,应审查其技术的最难点或先进性和可靠性。

2)施工进度计划的可靠性:审查施工进度计划是否满足对竣工时间的要求,是否科学合理、切实可行,还要审查保证施工进度计划的措施,例如施工机具、劳务的安排是否合理等。

3)施工质量保证:审查投标文件中提出的质量控制和管理措施,包括质量管理人员、设备、质量检验仪器的配置和质量管理制度。

4)工程材料和机械设备的技术性能符合设计技术要求:审查投标文件中关于主要材料和设备的样本、型号、规格和制造厂家名称、地址等,判断其技术性能是否达到设计标注要求。

5)分包商的技术能力和施工经验:如果投标人拟在中标后将中标项目的部分工作分与其他人完成,应当在投标文件中注明。应审查确定拟分包的工作必须是非主体、非关键的工作;审查分包人应当具备的资格条件,完成相应工作的能力和经验。

6)对于投标文件中按照招标文件规定提交的建议方案做出技术评审:如果招标文件规定可以提交建议方案,则应对投标文件中的建议方案的技术可靠性与优缺点进行评估,并与原招标方案进行对比分析。

(3)商务评估。商务评估的目的是从工程成本、财务和经验分析等方面评审投标报价的准确性、合理性、经济效益和风险等,比较授标给不同的投标人产生的不同后果。商务评估在整个评标工作中通常占有重要地位。商务评估的主要内容如下:

1)审查全部报价数据计算的正确性:通过对投标报价数据的全面审核,看是否有计算错误或累计上的算术错误。如果有,则按"投标人须知"中的规定加以改正和处理。

2)分析报价构成的合理性:通过分析工程报价中直接费用、间接费用、利润和其他费用的比例关系,以及主体工程各专业工程价格的比例关系等,判断报价是否合理。注意审查工程量清单中的单价有无脱离实际的"不平衡报价",工日价格和机械台班报价是否合理。

3)对建议方案的商务评估。

（4）投标文件澄清。必要时,为了有助于投标文件的审查、评价和比较,评标委员会可以约见投标人对其投标文件予以澄清,以口头或书面的形式提出问题,要求投标人回答,随后在规定的时间内,投标人以书面形式正式答复。澄清和确认的问题必须由授权代表正式签字,并声明将其作为投标文件的组成部分,但澄清问题的文件不允许变更投标价格或对原投标文件进行实质性修改。

这种澄清的内容可以要求投标人补充报送某些标价计算的细节资料,对其具有某些特点的施工方案做进一步解释,补充说明其施工能力和经验,或对其提出的建议方案做详细说明等。

（5）综合评价与比较。综合评价与比较是在以上工作的基础上,根据事先拟定好的评标原则、评价指标和评标办法,对筛选出来的若干个具有实质性响应的投标文件进行综合评价与比较,最后选定中标人。中标人的投标应当符合下列条件之一:

1)能最大限度地满足招标文件中规定的各项综合评价标准。

2)能满足招标文件各项要求,并且经评审的投标价格最低,但投标价格低于成本的除外。

一般设置的评价指标包括投标报价,施工方案（或施工组织设计）与工期,质量标准与质量管理措施,投标人的业绩、财务状况、信誉等。评标方法可采用打分法或评议法。

打分法是由每一位评委独立地对各份投标文件分别打分,即对每一项指标采用百分制打分,并乘以该项权重,得出该项指标实际得分,将各项指标实际得分相加之和为总得分。最后评标委员会统计打分结果,评出中标者。

评议法不量化评价指标,通过对投标人的投标报价、施工方案、业绩等内容进行定性的分析与比较,选择各项指标都较优良的投标人为中标人,也可以用表决的方式确定中标人;或者选择能够满足招标文件各项要求,并且经过评审的投标价格最低、标价合理者为中标人。

参考文献

[1] 原中华人民共和国建设部.建设工程工程量清单计价规范(GB 50500—2008)[S].北京:中国计划出版社,2008.

[2] 中华人民共和国住房和城乡建设部,中华人民共和国国家质量监督检验检疫总局.《总图制图标准》(GB/T 50103—2010)[S].北京:中国建筑工业出版社,2011.

[3] 中华人民共和国住房和城乡建设部,中华人民共和国国家质量监督检验检疫总局.《建筑制图标准》(GB/T 50104--2010)[S].北京:中国建筑工业出版社,2011.

[4] 中华人民共和国住房和城乡建设部.《房屋建筑室内装饰装修制图标准》(JGJ/T 244—2011)[S].北京:中国建筑工业出版社,2012.

[5] 原中华人民共和国建设部.全国统一建筑工程基础定额(GJD 101—1995)[S].北京:中国计划出版社,2003.

[6] 原中华人民共和国建设部.全国统一建筑装饰装修工程消耗量定额(GYD 901—2002)[S].北京:中国计划出版社,2002.

[7] 刘晓佳.装饰装修工程工程量清单计价实施指南[M].北京:中国电力出版社,2009.

[8] 李宏扬.装饰装修工程量清单计价与投标报价[M].3版.北京:中国建材工业出版社,2010.

[9] 翟丽旻,杨庆丰.建筑与装饰装修工程工程量清单[M].北京:北京大学出版社,2010.

[10] 余辉,蒙林青.装饰装修工程造价员[M].北京:中国计划出版社,2009.

[11] 赵莹华.装饰装修造价员速学手册[M].北京:知识产权出版社,2009.